U0571985

无人机摄影测量

主　编　江新清　成晓芳　凌培田
副主编　王淑璇　周金宝　朱闫霞
参　编　王　萍　胡文欣　刘碧瑶

北京理工大学出版社
BEIJING INSTITUTE OF TECHNOLOGY PRESS

内 容 简 介

本书共分为八个工作任务，以实际应用为主旨，以工作任务的形式系统地介绍无人机测绘技术相关的理论知识与作业流程。从认识无人机、无人机航测影像获取、像控点测量、无人机空中三角测量、无人机航测 DEM 制作、无人机航测 DOM 制作、无人机航测 DLG 制作、无人机倾斜摄影测量等八个方面对无人机航测基本原理与生产作业过程进行详细讲述。本书的内容突出能力培养与技能训练，同时教材内容包含了"1+X"无人机摄影测量职业技能等级证书各个等级要求的知识内容及技能。

本书可作为高等院校、高职院校测绘工程技术、测绘地理信息技术、摄影测量与遥感技术、工程测量技术、无人机测绘技术、无人机应用技术等专业的教材及"1+X"无人机摄影测量职业技能等级证书考核评价的培训教材，也可作为地质、农业、林业、环境、交通、电力等相关专业与工程技术人员的学习参考书。

图书在版编目（CIP）数据

无人机摄影测量 / 江新清，成晓芳，凌培田主编
. -- 北京 ：北京理工大学出版社，2023.7
ISBN 978-7-5763-2657-4

Ⅰ. ①无…　Ⅱ. ①江…　②成…　③凌…　Ⅲ. ①无人驾驶飞机-低空飞行-航空摄影测量　Ⅳ. ①P231

中国国家版本馆 CIP 数据核字（2023）第 139735 号

责任编辑：张鑫星		**文案编辑：**张鑫星	
责任校对：周瑞红		**责任印制：**李志强	

出版发行 / 北京理工大学出版社有限责任公司
社　　址 / 北京市丰台区四合庄路 6 号
邮　　编 / 100070
电　　话 / （010）68914026（教材售后服务热线）
　　　　　　（010）68944437（课件资源服务热线）
网　　址 / http://www.bitpress.com.cn

版 印 次 / 2023 年 7 月第 1 版第 1 次印刷
印　　刷 / 涿州市新华印刷有限公司
开　　本 / 787 mm×1092 mm　1/16
印　　张 / 16
字　　数 / 376 千字
定　　价 / 78.00 元

前　言

　　党的二十大报告指出，教育、科技、人才是全面建设社会主义现代化国家的基础性、战略性支撑。2019 年，教育部、国家发展改革委、财政部和市场监管总局联合印发了《关于在院校实施"学历证书+若干职业技能等级证书"制度试点方案》，部署启动"学历证书+若干职业技能等级证书"（简称 1+X 证书）制度试点工作。

　　"1+X"无人机摄影测量职业技能等级证书主要面向自然资源、住房和城乡建设、林业和草原、生态环境、交通运输、水利水电、农业农村、文化和旅游、应急管理、国防、公安消防等部门，从事自然资源调查、农林监测、电力巡检、国土测绘、智慧城市建设、城市规划、道路勘测、智慧旅游、应急监测、生态环境监测、矿产地质勘查、智慧消防等工作。使之成为经济发展的新引擎，促进数字经济和实体经济深度融合，赋能传统产业转型升级，催生新产业、新业态、新模式。

　　本书以实际应用为主旨，以工作任务的形式系统地介绍无人机测绘技术相关的理论知识与作业流程。从认识无人机、无人机航测影像获取、像控点测量、无人机空中三角测量、无人机航测 DEM 制作、无人机航测 DOM 制作、无人机航测 DLG 制作、无人机倾斜摄影测量等八个方面对无人机航测基本原理与生产作业过程进行详细讲述。本书的内容突出能力培养与技能训练，同时教材内容包含了"1+X"无人机摄影测量职业技能等级证书各个等级要求的知识内容及技能。教材实现了无人机测绘技术相关的"岗、课、赛、证"融通，通过学习学员既能尽快地掌握"1+X"无人机摄影测量职业技能等级证书各个等级要求的知识内容及技能，也能够独立完成无人机测绘的整个生产任务。

　　本书由江新清、成晓芳、凌培田担任主编，王淑璇、周金宝、朱闫霞担任副主编，王萍、胡文欣、刘碧瑶参编，实例数据由三和数码测绘地理信息技术有限公司和北京达北时代科技有限公司提供。

本书可作为高等院校、高职院校测绘工程技术、测绘地理信息技术、摄影测量与遥感技术、工程测量技术、无人机测绘技术、无人机应用技术等专业的教材及"1+X"无人机摄影测量职业技能等级证书考核评价的培训教材，也可作为地质、农业、林业、环境、交通、电力等相关专业与工程技术人员的学习参考书。

本书教学内容环环相扣、由浅及深，既符合当代职教特色又能使每一个学生提升自己的专业技能。

本书在编写时注重以下特色：

1. 教材体例新颖。教材采用活页的形式，每一工作任务及工作训练任务都可以根据需要独立进行训练。打破了以往教材按部就班的形式，为学生创造一个新颖活泼的教材风格。

2. 以学生为本。本书在编写时以"学炼结合、知行统一"为原则，注重"因材施教"的理念，本书以提高学生的实际操作技能为目标，以一个一个工作任务为主线，注重实际专业操作技能的提高，对于在完成工作任务过程中涉及的知识内容以够用为原则，意在让学生通过工作训练任务提高自己的专业技能的同时，也能够学到相应的理论知识，为以后从事测量工作打下基础。

3. 简洁实用。本书在编写过程中力求工作任务简洁实用。工作训练指导语言表达简明扼要，将实际操作以最简单的方式表达出来，便于学生理解并进行操作。每一个工作任务最后都设置了2~4个自主学习任务单，便于学生进行自主学习与自行测评，提高工作训练的效率与学习效果。

由于编者水平有限，本书在编写过程中难免存在疏漏与不足之处，敬请广大师生及其他读者给予批评指正。

编　者

目　录

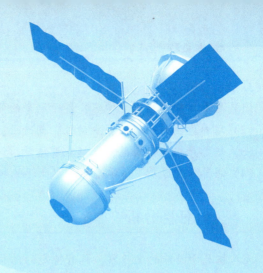

工作任务1　认识无人机

任务描述

　　学习无人机摄影测量之前，需要了解摄影测量技术基础理论知识，为更好地掌握摄影测量实践技能打好基础。本任务从无人机的组装、无人机模拟操控等方面初步认识无人机。

学习目标

1. 知识目标

（1）了解无人机的定义、分类、构造；

（2）掌握无人机组装的步骤及要点；

（3）了解无人机发展的历程；

（4）了解无人机飞行原理；

（5）了解无人机的应用场景；

（6）掌握无人机飞行操控的操作步骤；

（7）掌握遥控器使用要点。

2. 能力目标

（1）能够说出无人机的定义、分类和组成部件；

（2）能够正确地分辨出无人机的种类；

（3）能够独立完成无人机的组装；

（4）能够正确设置模拟飞行软件的各项参数；

（5）能够使用模拟器完成无人机的起飞、飞行操控以及降落；

（6）能够熟练操控遥控器完成飞行的各种运动。

3. 素质目标

（1）培养对照学材自主学习、善于思考的能力；

（2）培养学生的积极性、主动性、创造性；

（3）培养严格执行规范，保证成果质量，认真负责的精神；

（4）培养人文素养、科学素养、职业道德和精益求精的工匠精神。

 任务分析

　　无人机属于特殊的飞行器，具有特定的结构、性能及用途。操控无人机，须全面了解、掌握无人机的相关理论知识，同时经过实践操作培训，取得相关许可证书才能操控无人机作业。充分认识无人机的结构，通过训练无人机的组装、模拟飞控训练为后续无人机摄影测量的实施奠定基础。

 任务实施

1.1　认识无人机

 训练设备

（1）无人机；

（2）数码相机。

 训练方法

配合教材和多媒体资源，完成自主学习。

 实施步骤

1. 无人机组装

　　以四旋翼无人机为例，讲解无人机的组装。图 1-1 所示为大疆 PHANTOM4 Pro+无人机的机身构造。

　　遥控器是操控无人机进行稳定飞行的重要组成部分，可以完成飞行器和云台相机的各种操作和配置。图1-2所示为遥控器的构造。

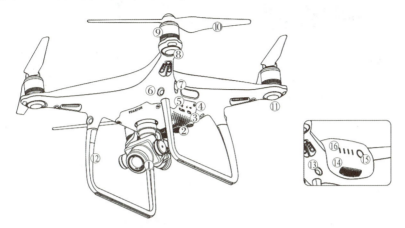

图1-1　大疆PHANTOM4 Pro+无人机的机身构造

1—一体式云台相机；2—下视视觉系统；3—调参/数据接口（Micro USB）；

4—相机、对频状态指示灯/对频按键；5—相机Micro SD卡槽；6—前视视觉系统；

7—红外感知系统；8—机头LED指示灯；9—电动机；10—螺旋桨；11—飞行器状态指示灯；

12—天线；13—后视视觉系统；14—智能飞行电池；15—电池开关；16—电池电量指示灯

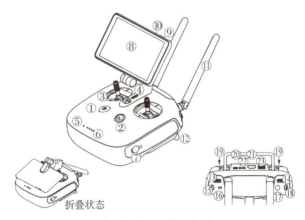

图1-2　遥控器的构造

1—电源开关；2—智能返航按键；3—摇杆；4—扬声器；5—遥控器状态指示灯；

6—电池电量指示灯；7—充电接口；8—显示屏；9—屏幕开关；10—麦克风；

11—天线；12—提手；13—云台俯仰控制拨轮；14—相机设置转盘；

15—录影按键；16—飞行模式切换开关；17—拍照按键；18—智能飞行暂停按键；

19—自定义按键；20—Micro USB接口；21—HDMI接口；22—Micro SD卡槽；

23—USB接口

无人机组装时需要严格按照设备说明书要求进行，具体流程如下：

1）控制器安装

机身与支臂安装时，支臂上的编号需要对应机身上的编号进行组装，支臂跟机身上的铝件都设计有安装角度定位平面，安装时电动机朝上，如图1-3所示。

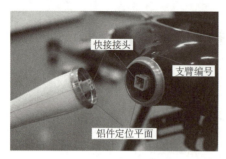

图1-3　机身与支臂安装

2）螺旋桨安装

因为多旋翼无人机螺旋桨具备不同的旋转方向，所以需要通过支臂编号跟桨固定螺栓上的标号，选择正确的正反桨安装在对应的支臂上。桨固定螺栓有正反之分，螺栓上的旋转方向标识为锁紧（LOCK），即电动机不动，桨按标识方向旋转。最后，需要用桨拆装工具来最终锁紧，如图1-4所示。（注：在螺旋桨安装过程中，切记螺旋桨编号与机身编号对应的正确性以及正确使用桨拆装工具进行安装和拆装工作，切勿使用蛮力。）

图1-4　螺旋桨安装

3）相机安装

根据飞行天气条件设置相机光圈、快门、焦距等参数，确保相机存储空间足够，然后将相机放入云台相机安装座，锁上相机螺栓，接入相机快门线和相机电源线即可（相机电源线有正负之分，需正确接入）。

4）电池安装

首先将电池放入电池安装位上，然后用扎带压紧，避免电源接触不良，如图1-5所示。放入电池安装位时，需稍微侧放，安装时不可用蛮力，避免碳板的棱角损坏电池表面，影响电池的使用（注：安装电池前，需要在不接通电源时，用电显测量电池电压，满电是25.2 V）。

图1-5　电池安装

2. 无人机检查

操控无人机飞行前要对无人机各个部件做相应检查，无人机的任何一个小问题都有可能导致无人机在飞行过程中发生事故。因此在飞行前应认真仔细做好飞行检查，防止意外发生。检查项目有：

（1）遥控器、飞机电池及移动设备是否电量充足；

（2）摄像头是否清洁；

（3）机臂及螺旋桨是否正确安装；

（4）确保已插入 SD 卡；

（5）电源开启后相机和云台是否正常工作；

（6）开机后电机是否能正常启动。

 注意事项

（1）实训前要复习课本上有关内容，了解实训的内容及要求。

（2）严格遵守机房及实训室的使用规定。

（3）在使用过程中必须倍加爱护。除了在思想上重视外，在工作过程中还要采取有效措施，以确保实训设备、设施正常工作，杜绝损坏实训设备、设施的事故发生。

（4）每人必须独立进行实训，按要求提交成果。

 **思考题**

（1）根据多旋翼无人机的组件分析其飞行原理。

（2）为什么多旋翼无人机螺旋桨转向不同？

1.2　无人机飞控模拟训练

 训练设备

（1）飞行模拟器软件；

（2）遥控器。

 训练方法

配合教材和指导书，配合老师的演示指导，按照操作步骤逐步完成无人机模拟飞行任务。

 实施步骤

1. 模拟器的选择

真实的无人机训练风险较大，且客观条件也不允许过度进行真机训练，因此可借助无人机模拟器进行辅助训练。经过初级阶段无人机模拟器的训练，无人机驾驶学员可以形成快速准确的对无人机动作反馈的条件反射，这样避免操作失误而造成的无人机坠机等损失，减少油料、电池消耗，降低训练成本的同时有效提高无人机操控技能。

目前市场上常用的有大疆模拟器、凤凰模拟器、G4 模拟器。我们以凤凰模拟器为例，来学习模拟器的使用方法。

1) 凤凰模拟器的组成

PhoenixRC 通称"凤凰模拟器"，凤凰模拟器是一款仿真度极高的飞行模拟器软件，如图 1-6 所示，以 3D 引擎倾心打造，通过灵活操控来完成各种飞行的任务，高清的画质代入感较强，软件配备的机型比较多，需要搭配遥控器使用，如图 1-7 所示。

图 1-6　Phoenix PC 软件界面

图 1-7　遥控器

2) 凤凰模拟器的使用

（1）遥控器启动。

调整模拟器同步模式，内置开关拨至最下方，选择 Phoenix RC 选项。模拟器电源开关，USB 同 PC 连接之后，启动开关。电源指示灯在启动时会有稳定闪动。

（2）遥控器操纵方式。

在操控遥控器时，需要使用正确的握姿。拇指的指肚按在操纵杆上，食指指肚侧按在操纵杆上，食指就像弹簧一样，缓冲拇指带动操纵杆的运动，让控制更细腻、更精准。

（3）遥控器校准。

打开 Phoenix RC 出现软件启动界面（图 1-8）时，将遥控器和 PC 端连接并启动遥控器

电源开关即可。界面显示正常。

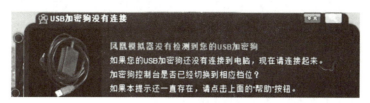

图1-8 软件启动界面

连接好遥控器和PC端后，需要进行遥控器校准，才能自如操控无人机。进入该界面之后，如图1-9所示，按照红圈摇杆动作所示，顺时针满转一圈，让模拟器记录遥控器摇杆的最大值、最小值，完成后一直单击"下一步"直到完成。

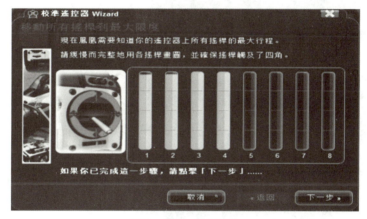

图1-9 校准遥控器

根据遥控器校准引导，到如图1-10所示界面后，单击"完成"，结束后遥控器校准完毕。

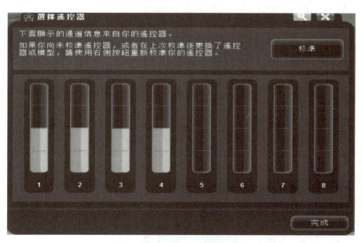

图1-10 遥控器校准完成

遥控器校准完毕后，还要通过控制通道设置来配置遥控器的功能，如表1-1所示，贴合操作习惯，比如美国手和日本手，根据操作习惯即可。

表 1-1　遥控器配置

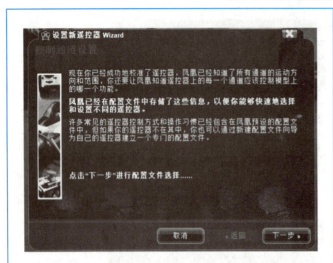	建立新的配置文件，单击"下一步"
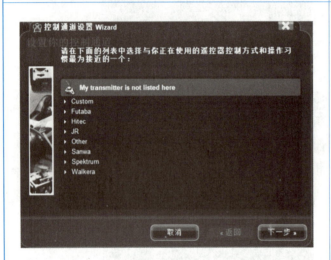	为满足操作要求，可建立专属配置文件，单击"下一步"
	准备开始配置，单击"下一步"

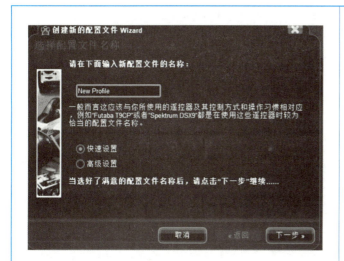	为专属配置文件命名，输入有标识度的命名即可，单击"下一步"
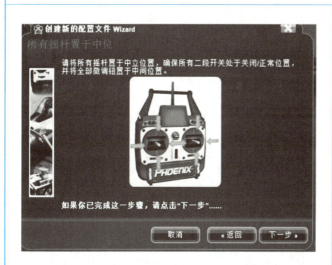	根据屏幕提示，将所有摇杆置中，单击"下一步"
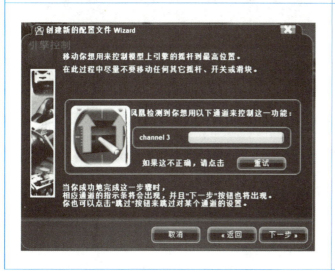	根据屏幕提示，选择引擎、浆距、方向舵、升降舵、副翼舵、起落架、襟翼对应的摇杆，其中副翼舵、浆距、起落架和襟翼不适用于旋翼无人机，不需要调摇杆，直接单击"下一步"就好

续表

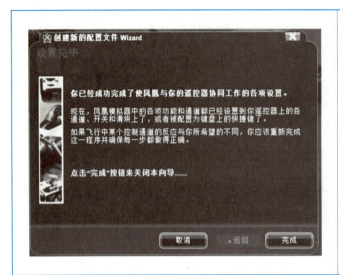

成功完成专属配置，形成通道配置文件，为防止无人机开局就起飞，可以将引擎摇杆打到最低后，单击"完成"。这样确保开始飞行时，无人机处于静止状态

（4）开始飞行训练。

将当前模型更换为旋翼无人机，通过"选择模型"菜单来完成模型更换，将模型更换为常用的"Blade 350-QX"，如图1-11所示。可以通过模型放大界面右下角的四个"姿态"来切换查看模型的各项细节，特别是分清机头、机尾。如图1-12所示选择合适的旋翼无人机模型。

图1-11　更换模型

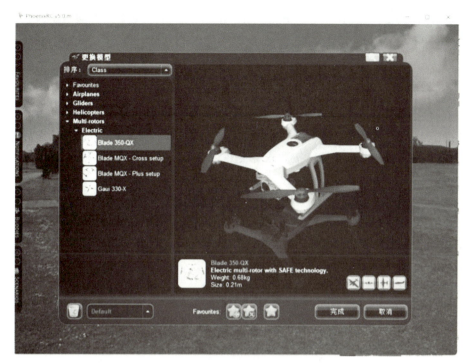

图 1-12　选择合适的旋翼无人机模型

　　模拟飞行的过程中，主要是锻炼对于遥控器的控制，协调各个摇杆的综合使用，为了更好地训练控制，可以为场地加上十字标靶，方便联系精准控制，如图 1-13 所示。可以选择多种训练模式增加训练的难度和趣味性。

图 1-13　场地设置

注意事项

（1）实训前要仔细研读实训流程，了解实训的内容及要求。

（2）严格遵守机房及实训室的使用规定。

（3）在使用过程中必须倍加爱护实训设备。除了在思想上重视外，在工作过程中还要采取有效措施，以确保实训设备、设施正常工作，杜绝损坏实训设备、设施的事故发生。

（4）每人必须独立进行实训，按要求提交成果。

思考题

遥控器校准有误对于无人机飞行有什么影响？

【工作依据】无人机及无人机摄影测量

1. 无人机定义

无人机（UA，Unmanned Aircraft），是由控制站管理（包括远程操纵或自主飞行）的航空器，也称远程驾驶航空器（RPA，Remotely Piloted Aircraft）。无人机系统（UAS，Unmanned Aircraft System），也称远程驾驶航空器系统（RPAS，Remotely Piloted Aircraft Systems），是指由无人机、控制站、指令与控制数据链路、型号设计规定的任何其他部件组成的系统。无人机系统包括地面系统、飞机系统、任务载荷和无人机使用保障人员。

2. 无人机发展历程

无人机最早出现在 20 世纪 20 年代，1910 年，来自俄亥俄州的年轻军事工程师查尔斯·科特林建议使用无人驾驶的飞行器，用钟表机械装置控制飞机，使其在预定地点抛掉机翼并像炸弹一样落向敌人。在美国陆军的支持和资助下，他制成并试验了几个模型，取名为"科特林空中鱼雷"。

现代战争是推动无人机发展的基本动力。1914 年第一次世界大战中有人研制了一种无人驾驶，而用无线电操纵的小型飞机。世界第一架无人机诞生于 1917 年，而无人机真正投入作战始于越南战争，主要用于战场侦察。

美国最早于 1939 年开始研制无人靶机，先后研制出"火蜂（Firebee）"系列和"Chukar"系列靶机。从 20 世纪 50—60 年代开始，美国相继研制成功火蜂"先锋""猎人""捕食者"以及我们熟悉的"全球鹰"等战术战略无人侦察机，以及"捕食者"改进型无人侦察作战飞机，先后应用于越南战争、海湾战争、科索沃战争和对阿富汗的军事行动中。"全球鹰"是由美国诺斯罗普·格鲁曼公司生产的军用无人机。

中国无人机的研究始于 20 世纪 50 年代，1959 年已基本摸索出安-2 和伊尔-28 两种飞机的自驾起降规律，60 年代中后期投入无人机研制，形成了长空 1 号靶机、无侦 5 高空照相侦察机和 D4 小型遥控飞机等系列，并以高等学校为依托建立了无人机设计研究机构，具有自行设计与小批生产能力。其中无侦 5 的研制在中国无人机发展史上具有重要意义。

近几年民用无人机和消费级无人机市场呈现迅速增温趋势，涌现出众多无人机品牌，如三和数码系列、大疆系列、纵横系列、科比特系列、哈瓦系列等，推出了形式多样的无人机产品，在各行业中得到了广泛应用。图 1-14 所示为不同型号的无人机。

（a）　　　　　　　　　　　（b）

（c）　　　　　　　　　　　（d）

图 1-14　不同型号的无人机
（a）勘查者Ⅱ固定翼无人机；（b）SH-30G 倾转固定翼无人机；
（c）SH-20X 系列多旋翼无人机；（d）SH-80G 固定翼无人机

3. 无人机分类

无人机种类繁多、用途广、特点鲜明，致使其在尺寸、质量、航程、航时、飞行高度、飞行速度、执行任务内容等多方面有较大差异。

无人机按平台构型可分为固定翼无人机、无人直升机和多旋翼无人机三种类型。

固定翼无人机是指飞机机翼固定，依靠经过机翼的气流提供升力的飞行器。其优势是续航时间长、飞行效率高、荷载大、飞行稳定性高，其缺点是起飞的时候要借助跑道或器械弹射，降落的时候要滑行或利用降落伞降落且无法悬停。

无人直升机是由一个或两个主旋翼提供升力的垂直起降型飞行器。常见机型是一个主旋翼，同时机尾由尾翼来抵消旋翼产生的自旋力，其优势是能垂直起降、地形适应能力强；其缺点是机械结构及操作复杂、维护成本高、续航和速度都低于固定翼飞行器。

多旋翼无人机是由 3 个或 3 个以上旋翼提供升力的垂直起降飞行器，如图 1-15 所示。其特点是能够垂直起降、结构简单易操作和维护、工作可靠且携带方便，其缺点是续航及载重较低。

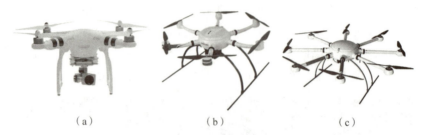

图 1-15　多旋翼无人机
（a）四旋翼无人机；（b）六旋翼无人机；（c）八旋翼无人机

无人机按用途可分为影视拍摄、农业植保、电力巡线、反恐安防、遥感测绘等；按尺寸可分为微型无人机（空机质量≤7 kg）、轻型无人机（7 kg<空机质量≤116 kg）、小型无人机（116 kg<空机质量≤5 700 kg）、大型无人机（空机质量>5 700 kg）；按活动半径分类，可分为超近程无人机（半径≤15 km）、近程无人机（15<半径≤50 km）、短程无人机（50<半径≤200 km）、中程无人机（200<半径≤800 km）、远程无人机（半径>800 km）；按任务高度分类，可分为超低空无人机（0<高度≤100 m）、低空无人机（100<高度≤1 000 m）、中空无人机（1 000<高度≤7 000 m）、高空无人机（7 000<高度≤18 000 m）、超高空无人机（高度>18 000 m）。

4. 无人机构造

1）固定翼无人机

固定翼无人机是指由动力装置产生前进的推力或拉力，由机身的固定机翼产生升力，在大气层内飞行的重于空气的航空器。固定翼飞行器的构造主要由机身、机翼、尾翼、舵机、起落架、发动机、云台等七部分组成。

（1）机身是固定翼飞行器的主干，是将其他各个设备连接在一起组成的整体的基础，机身内可以容纳其他设备，如控制系统、线路、航摄仪、电池、燃料等，它是无人机的主体构造。

（2）机翼是固定翼飞行动力的产生装置，机翼后边缘有可操纵的活动面，一般靠外侧的叫作副翼，用于控制飞行器的滚转运动，靠内侧的是襟翼，用于增加起飞着陆阶段的升力。

（3）尾翼是用来配平、稳定和操纵固定翼飞行器飞行的部件，通常包括垂直尾翼和水平尾翼。

（4）舵机是安装在机翼及尾翼上，三者一起控制飞机的姿态变化。舵机是一种位置（角度）伺服的驱动器，适用于角度不断变化并可以保持的控制系统。目前，在工业级无人机、消费级无人机、航模及高档遥控玩具（如飞机模型、潜艇模型等）、遥控机器人中已经普遍应用。航天方面，导弹姿态变换的俯仰、偏航、滚转运动都是靠舵机相互配合完成的。舵机在许多工程上都有应用，不仅限于飞行器。

（5）起落架是飞行器底部用于支持无人机机身的装置，在无人机的停放、滑行、起飞、降落滑跑时起到保护机身的作用。一般由支柱、缓冲器、制动装置、机轮、收放结构组成。

（6）发动机是飞行器的动力装置，不同的固定翼飞行器动力系统不同，动力系统的构造也不同。固定翼飞行器使用的动力装置主要有活塞式发动机、涡喷发动机、涡扇发动机、涡桨发动机、涡轴发动机、冲压发动机、电动机等。目前主流的民用固定翼飞行器采用的动力系统是活塞式发动机和电动机。

（7）云台是航摄仪的搭载平台，固定翼飞行器的航摄仪搭载云台一般装载在机身内部，起到固定航摄仪和减振的作用。

2）旋翼无人机

旋翼无人机也称为多轴无人机，是直升机的一种，它通常有 3 个以上的旋翼。无人机的机动性通过改变不同旋翼的扭力和转速来实现。旋翼飞行器一般由机身、桨叶、电动机、电调、电池、云台六部分组成。

（1）机身是飞行器的主干，是装载其他设备的平台，比固定翼飞行器结构简单。

（2）桨叶是通过自身旋转，将电机转动功率转化为动力的装置。在整个飞行系统中，桨叶主要起到提供飞行所需的动能。按材质一般可分为木桨、尼龙桨和碳纤维桨。

（3）电动机是依据电磁感应定律实现电能转换或传递的一种电磁装置。它的主要作用是利用电能转化为机械能，分为有刷电动机和无刷电动机两种，目前多旋翼电动机几乎使用的都是外转子无刷交流电动机。

（4）电调，即电子调速器（ESC，Electronic Speed Control），它根据控制信号调节电动机的转速，针对电动机不同，可分为有刷电调和无刷电调。有刷电调有七根线，其中两根电源线，三根信号线，两根电动机驱动线，两根电动机驱动线输出的电流是直流；无刷电调有八根线，其中两根电源线，三根信号线，三根电动机驱动线，三根电动机驱动线输出的电流是交流。

（5）电池是提供旋翼无人机的动力。

目前主要用锂聚合物电池（Li-po，又称高分子锂电池），它是一种化学性质的电池，相对普通电池来说，能量高、小型化、轻量化、放电电流大、单片电池电压大。在形状上，锂聚合物电池具有超薄化特征，可以配合一些产品的需要，制作成不同形状与容量的电池。该类电池，理论上的最小厚度可达 0.5 mm。锂聚合物电池具有高倍率、高能量比、性能高、高安全、寿命长、环保无污染、质量轻等优点。

3）复合翼无人机

复合翼无人机（大部分是垂直起降固定翼）是在固定翼无人机上叠加一套垂直升力系统，从而在结构上基本实现了多旋翼和固定翼的优势结合，使其具备垂直起降、定点悬停、高速巡航的能力。这种组合是典型的取长补短模式，固定翼续航时间长，但起降需要跑道；多旋翼可垂直起降又能悬停，但续航问题无法解决，若将二者捆绑，功能也将叠加，应用场景会更多、机动性也更强，已经成为行业内的新趋势。

复合翼无人机的结构是固定翼与旋翼的结合，每个部分的作用在前面已详细介绍，不再赘述，如图 1-16 所示。

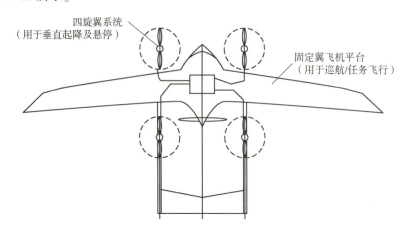

图 1-16　复合翼无人机的结构示意图

5. 无人机控制系统

无人机控制系统（Flight control system）简称飞控，可以看作飞行器的大脑。例如旋翼飞行器的飞行、悬停、姿态变化等都是由多种传感器将飞行器本身的姿态数据传回飞控，再由飞控通过运算和判断下达指令，由执行机构完成动作和飞行姿态调整。飞控可以理解成无人机的 CPU 系统，是无人机的核心部件，其功能主要是发送各种指令，并且处理各部件传回的数据，类似于人体的大脑，对身体各个部位发送指令，并且接收各部件传回的信息，运算后发出新的指令。无人机飞控系统组成及作用有以下几点：

1）惯性测量单元

现在的飞控内部使用的都是由三轴陀螺仪、三轴加速度计、三轴地磁传感器和气压计组成的惯性测量单元（Inertial Measurement Unit，IMU）。它的作用就是感知飞机姿态的变化，例如飞机当前是前倾还是左右倾斜，机头朝向、高度等最基本的姿态数据。

三轴陀螺仪、三轴加速度计、三轴地磁传感器中的三轴是指飞机左右、前后垂直方向的三个轴，一般用 X、Y、Z 来表示。左右方向的叫作横滚，前后方向的叫作俯仰，垂直方向即 Z 轴。陀螺在不转动的情况下它很难立在地面上，只有转动起来才会立在地面上，轮子越大越重的自行车越稳定，转弯时明显能够感觉到一股阻力，这就是陀螺效应，根据陀螺效应，人们发明出陀螺仪。最早的陀螺仪是一个高速旋转的陀螺，通过三个灵活的轴将陀螺固定在一个框架中，无论外部框架怎么转动，中间高速旋转的陀螺始终保持一个姿态。通过三个轴上的传感器能够计算出外部框架旋转的度数等数据。机械陀螺由于成本高、结构复杂，目前被电子陀螺仪所代替，电子陀螺仪的优势是成本低、体积小、质量轻，只有几克重，稳定性还有精度都比机械陀螺高。

三轴加速度计的作用是测量飞机 X、Y、Z 三个轴的加速度。加速度是速度变化量与发生这一变化时间的比值，是描述物体变化快慢的物理量，单位为 m/s^2。

地磁传感器，是一个电子指南针，它可以让飞机知道自己的飞行朝向、机头朝向，找到任务位置和家的位置。气压计是测量当前位置的大气压，通过测量不同位置的气压，计算压差获得到当前的高度。

2）GPS 定位

无人机上搭载着 GPS 接收机，它通过接收卫星信号，获取 GPS 的位置信息，通过一个编译器再次编译成一个电子信号传给飞控，让飞控知道自己所在的位置、任务的位置及距离、当前的速度和高度，然后再由飞控驾驶飞机飞向任务位置。

GPS 既能测速度又能测高度，为什么要有气压计和空速计呢？是为了消除误差，飞机起飞是不与地面接触的，直接接触的是空气，假设飞行处于无风环境，在地面滑跑加速，加速到 20 m/s 的速度然后再拉升降舵起飞，这样 GPS 测量到的数值是准确的，若是逆风，机翼与空气相对的运动达到了一定的速度才能够产生一定的升力让飞机起飞。如果在逆风环境下，风速 10 m/s，飞机只需要加速到 10 m/s 就可正常离地。如果加速到 20 m/s，相对空气的速度已经达到了 30 m/s，或者说顺风起飞，风速 20 m/s，飞机 GPS 测速也达到了 20 m/s 的速度，这个时候拉升降舵，飞机动都不会动，因为相对空气速度是 0 m/s，达不到起飞条件，必须加速到 40 m/s 的时候才能达到升力起飞，这就是空速计的作用。GPS 测量的只是地速，同样，GPS 也可以定高，第一 GPS 定位精度是 3 m 内，也就是说飞控能感知到的是平面方向的两倍误差，信号较差，十几米都有可能，另外 GPS 定高数据是海拔高度并不是地面垂直高度，所以 GPS 定高在飞控中不管用。有了 GPS 飞控也明确了飞机位置，任务在飞控上如何传输，即地面站的作用。

3）地面站

地面站是设置在地面上进行通信的设备，也就是用来控制飞机的装置。地面站可以分为单点地面站和多点地面站，像民航机场就是地面站，全国甚至全球所有的地面站都在时时联网，它们能够清楚地实时监测飞行航班当前的飞行路线、状况、航班的实时调度等。无人机大部分都是单点地面站，单点地面站一般由一到多个人值守，由技术员、场务人员、后勤员、通信员、指挥员等人组成。

地面站设备由遥控器、电脑、视频显示器、电源系统、电台等设备组成。简单地说就是一台电脑、一个电台、一个遥控器，电脑上装有控制飞机的软件，通过航线规划工具规划飞机飞行的线路，并设定飞行高度、飞行速度、飞行地点、飞行任务等。通过数据口连接的数传电台将任务数据编译传送至飞控中。数传电台指的是数据传输电台，是飞机与地面站通信的一个主要工具，一般的数传电台采用的接口协议有 TTL 接口、RS485 接口、RS232 接口，不过也有一些 CAN-BUS 总线接口，频率有 2.4 GHz、433 MHz、900 MHz、915 MHz。一般 433 MHz 的较多，因为 433 MHz 是开放的频段，再加上 433 MHz 波长较长、穿透力强等优势，所以大部分民用用户一般都是用的 433 MHz，传输距离在 5~15 km 不等，甚至更远。最终达到的目的是飞机与电脑间的通信，电脑传输给飞机的任务，包括飞机实时飞行高度、速度等数据都会通过它来传输，以方便实时监控飞机情况，根据需要随时修改飞机航向。

6. 无人机飞行原理

1) 旋翼无人机原理

旋翼无人机由各旋翼之间的速度差而获得推力，可依靠倾斜旋翼而产生在倾斜方向上的推力，也可通过控制旋翼在旋转过程中的姿态产生推力。下面以四旋翼为例说明旋翼无人机的飞行原理。

四旋翼无人机通过调节四个电动机转速来改变旋翼转速，实现升力的变化，从而控制飞行器的姿态和位置。四旋翼无人机是一种六自由度的垂直升降机，但只有四个输入力，同时却有六个状态输出，所以它又是一种欠驱动系统。

四旋翼无人机的电动机 1 和电动机 3 逆时针旋转的同时，电动机 2 和电动机 4 顺时针旋转，因此当飞行器平衡飞行时，陀螺效应和空气动力扭矩效应均被抵消。如图 1-17 所示，电动机 1 和电动机 3 做逆时针旋转，电动机 2 和电动机 4 做顺时针旋转，规定沿 x 轴正方向运动称为向前运动，箭头在旋翼的运动平面上方表示此电动机转速提高，在下方表示此电动机转速下降。

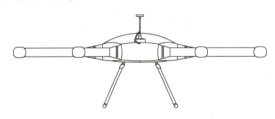

图 1-17　SH-20X 多旋翼结构示意图

（1）垂直运动：同时增加四个电动机的输出功率，旋翼转速增加使总的拉力增大，当总拉力足以克服整机的质量时，四旋翼无人机便离地垂直上升；反之，同时减小四个电动机的输出功率，四旋翼无人机则垂直下降，直至平衡落地，实现了沿 Z 轴的垂直运动。当外界扰动量为零时，在旋翼产生的升力等于飞行器的自重时，飞行器便保持悬停状态，如图 1-18（a）所示。

（2）俯仰运动：电动机 1 的转速上升，电动机 3 的转速下降（改变量大小应相等），电动机 2、电动机 4 的转速保持不变。由于旋翼 1 的升力上升，旋翼 3 的升力下降，产生的不平衡力矩使机身绕 Y 轴旋转，同理，当电动机 1 的转速下降，电动机 3 的转速上升，机身便绕 Y 轴向另一个方向旋转，实现飞行器的俯仰运动，如图 1-18（b）所示。

（3）滚转运动：改变电动机 2 和电动机 4 的转速，保持电动机 1 和电动机 3 的转速不变，则可使机身绕 X 轴旋转（正向和反向），实现飞行器的滚转运动，如图 1-18（c）所示。

（4）偏航运动：旋翼转动过程中由于空气阻力作用会形成与转动方向相反的反扭矩，为克服反扭矩影响，可使四个旋翼中的两个正转、两个反转、且对角线上的各个旋翼转动方向相同。反扭矩的大小与旋翼转速有关，当四个电动机转速相同时，四个旋翼产生的反扭矩相互平衡，四旋翼无人机不发生转动；当四个电动机转速不完全相同时，不平衡的反扭矩会引起四旋翼无人机转动。当电动机 1 和电动机 3 的转速上升，电动机 2 和电动机 4 的转速下降时，旋翼 1 和旋翼 3 对机身的反扭矩大于旋翼 2 和旋翼 4 对机身的反扭矩，机身便在富余反扭矩的作用下绕 Z 轴转动，实现飞行器的偏航运动，转向与电动机 1、电动机 3 的转向相反，如图 1-18（d）所示。

（5）前后运动：要实现飞行器在水平面内前后、左右的运动，必须在水平面内对飞行器施加一定的力。增加电动机3转速，使拉力增大，相应减小电动机1转速，使拉力减小，同时保持其他两个电动机转速不变，反扭矩仍然要保持平衡。飞行器首先发生一定程度的倾斜，从而使旋翼拉力产生水平分量，因此可以实现飞行器的前飞运动，向后飞行与向前飞行正好相反。

（6）倾向运动：由于结构对称，所以倾向飞行的工作原理与前后运动完全一致。

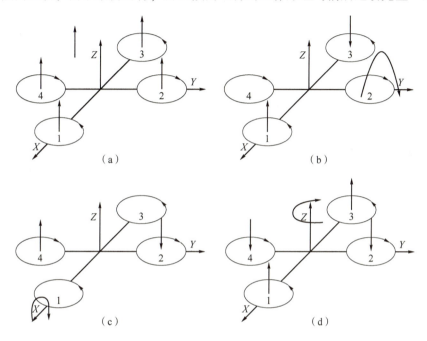

图1-18 四旋翼无人机沿各自由度的运动

（a）垂直运动；（b）俯仰运动；（c）滚转运动；（d）偏航运动

2）固定翼无人机原理

固定翼无人机通常包括方向、副翼、升降、油门、襟翼等控制舵面，通过舵机改变无人机的翼面，产生相应的扭矩，控制无人机转弯、爬升、俯冲、横滚等动作，如图1-19所示。

一般来说，在姿态平稳时，控制方向舵会改变无人机的航向，通常会造成一定角度的横滚，在稳定性好的无人机上，看起来就像汽车在地面转弯一样，可称其为侧滑。方向舵常用于自动控制转弯，方向舵转弯的缺点是转弯半径相对较大，较副翼转弯的机动性略差，副翼的作用是进行无人机的横滚控制。当固定翼无人机产生横滚时，会向横滚方向进行转弯，同时会掉一定的高度。升降舵的作用是进行无人机的俯仰控制，拉杆抬

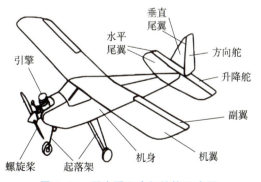

图1-19 固定翼无人机结构示意图

头，推杆低头，拉杆时无人机抬头爬升，动能朝势能的转换会使速度降低。因此在控制时要监视空速，避免因为过分拉杆而导致失速。油门舵的作用是控制无人机发动机的转速，加大油门量会使无人机增加动力，加速或爬升，反之则减速或降低。

固定翼无人机都有一个最低时速被称作失速速度，当低于这个速度的时候无人机将由于无法获得足够的升力而导致舵效失效，无人机失控。通过无人机的空速传感器可以实时获知无人机的当前空速，当空速降低时必须通过增加油门或推杆使无人机损失高度来换取空速的增加，当空速过高时减小油门或拉杆使无人机获得高度而换取空速的降低。因此固定翼无人机有两种不同的控制模式，根据实际情况的使用而供用户选择。

第一种控制方式：根据设定好的目标空速，当实际空速高于目标空速时，控制升降舵拉杆，反之推杆；空速的高低影响了高度的高低，于是采用油门来控制无人机的高度，当飞行高度高于目标高度时，减小油门，反之增加油门。由此可以来分析，当无人机飞行时，如果低于目标高度，飞控控制油门增加，导致空速增加，再导致飞控控制拉杆，于是无人机上升；当无人机高度高于目标高度，飞控控制油门减小，导致空速减小，于是飞控再控制推杆，使高度降低。这种控制方式的好处：无人机始终以空速为第一因素来进行控制，因此保证了飞行的安全，特别是当发动机熄火等异常情况发生时，使无人机能继续保持安全，直到高度降低到地面。这种方式的缺点在于对高度的控制是间接控制，因此高度控制可能会有一定的滞后或者波动。

第二种控制方式：设定好无人机平飞时的迎角，当飞行高度高于或低于目标高度时，在平飞迎角的基础上根据高度与目标高度的差设定一个经过 PID 控制器输出的限制幅度的爬升角，由无人机当前的俯仰角和爬升角的偏差来控制升降舵面，使无人机迅速达到这个爬升角，而尽快完成高度偏差的消除。但无人机的高度升高或降低后，必然造成空速的变化，因此采用油门来控制无人机的空速，即当空速低于目标空速后，在当前油门的基础上增加油门，当前空速低于目标空速后，在当前油门的基础上减小油门。这种控制方式的好处是能对高度的变化进行第一时间的反应，因此高度控制较好，其缺点是当油门失效时，比如发动机熄火发生时，由于高度降低飞控将使无人机保持经过限幅的最大仰角，最终由于动力的缺乏导致失速。

7. 无人机的应用

当前无人机主要应用的行业领域有：农牧、军用、警用、地方民用、快递等方面；农牧方面：农业科研、农作物监控、农田植保、播种造林、牧场环境探测、牲畜管理等；军用方面：广泛应用于火力侦察、打靶训练、配合单兵远程作战；警用方面：边防巡逻、森林防火、反恐、反毒、反有组织犯罪、刑事调查、人群监控、大面积搜索、高速公路监测等；地方民用方面：房地产销售、航拍、航测、体育摄影、野生动物研究、大气研究、狩猎和反狩猎、救灾等；快递方面：Amazon、DHL、LaPoste 与 SwissPost 都宣布了要开展无人机快递业务。

在传统的国土测绘应用中，无人机优势明显。

1）国土测绘

相比较传统的测绘手段，无人机测绘能够凭借其机动灵活等特点，在国土测绘领域发挥重要作用，如图1-20所示。通过快速获取测绘无人机航摄数据，能够快速掌握测区的详细情况，应用于国土资源动态监测与调查、土地利用和覆盖图更新、土地利用动态变化监测、特征信息分析等，高分辨率的航空影像还可应用于区域规划等。

图1-20 无人机测绘进行土地利用规划

2）无人机巡检

遥感无人机可以针对石油、天然气管道进行选线设计和全方位的监测，厘米级别的航空影像和高清视频能够协助进行安全监测与管理，同时利用管道压力数据结合影像发现管道渗漏（图1-21）、偷盗等现象。遥感无人机还可应用于电力选线、公路选线、铁路选线，能够根据项目需求，快速获取线状无人机航空影像，为选线快速提供设计数据。

图1-21 遥感无人机进行管道渗漏监测

3) 环境监测

高效快速获取高分辨率航空影像能够及时地对环境污染进行监测,尤其是排污污染方面。此外,海洋监测、溢油监测、水质监测、湿地监测、固体污染物监测、海岸带监测、植被生态等方面都可以借助遥感无人机拍摄的航空影像或视频数据进行实施。其中,水质调查监测、污染物监测、大气环境监测、固态废物检测、秸秆禁烧监测是主要的应用方向。此外,遥感无人机还可应用于海岸带调查,如填海造地、水产养殖、海岸带变迁等情况,近海岛礁监测,船只、藻类、浮标等目标识别,以及海洋环境监测等。

4) 农林植保

高分辨率航空影像能够提供准确的土地纹理和作物分类信息,可应用于农业用地分析、作物类型识别、作物长势分析、土壤湿度测定、农业环境调查、水产养殖区监测、森林火灾监测、森林覆盖率分析、森林植被健康监测、森林储积量评估等。能够针对特定农业作物,确定种植面积、生长状况、生长阶段和产值预估,比如在烟草、农业物联网等行业有重要应用,如图 1-22 所示。

图 1-22　无人机进行农业作物评估

5) 影视拍摄

无人机可以突破重重障碍,深度参与到影视拍摄环节,能多角度的展示拍摄素材,因此那些原本需要昂贵的直升机和起重机的镜头逐渐被无人机拍摄所取代。无人机拍摄丰富了镜头素材,能更多地满足人们对影视作品的期待。同时也用于房地产和体育摄影。此外,正在考虑使用无人机在直播中收集录像和信息。

6）应急救灾

无人机在测绘领域受到重视，是从应急救灾中开始的。无论是汶川地震、玉树地震，还是舟曲泥石流、安康水灾，测绘无人机都在第一时间到达了现场，并充分发挥机动灵活的特点，获取灾区的影像数据，为救灾部署和灾后重建工作的开展，都起到了重要作用，如图1-23所示。

图1-23　无人机应用与救灾部署

通过自定义重访周期，遥感无人机能够有效地对局部地区的动态变化进行监测。毫无疑问，测绘无人机正逐渐成为测绘部门的新宠儿，随着更多地方测绘部门、数据获取企业的引进和使用，测绘无人机将成为今后航空遥感数据获取的"标配"。

8. 无人机摄影测量

无人机摄影测量是无人机技术及摄影测量技术应用的具体体现，它是通过在无人机上搭载相机、激光发射器等遥感设备，以摄影测量的方式采集目标区域的影像、点云等数据，利用数据处理软件对采集的数据进行处理，得到目标区域数字正射影像、数字高程模型、实景三维模型等基础地理信息数据成果，实现测绘的目的。

无人机摄影测量内容主要包括无人机航空摄影（影像信息获取）及影像数据处理。

1）航空摄影

无人机航空摄影，主要指利用无人机搭载摄影机（相机），获取地面目标信息。

2）影像数据处理

影像数据处理的过程一般称为内业生产，所使用的硬件及软件系统称为摄影测量系统。内业生产一般包括数字测绘产品，如数字正射影像（DOM）、数字地面高程模型（DEM）、数字线划图（DLG）、数字栅格地图（DRG），及其他可视化产品如数字地图、专题图、纵横断面图、透视图、电子地图、实景三维模型、数字地表模型（DSM）等的生产。

　　无人机摄影测量作业需要由无人机摄影测量系统完成。与无人机摄影测量内容对应，无人机摄影测量系统由无人机航空摄影系统和摄影测量软件系统组成。无人机航空摄影系统指将传感器安装在无人机上对目标进行拍摄的整个飞行摄影系统。摄影测量软件系统的功能是对获得的影像数据进行专业处理，包括空中三角测量、DEM 生产、DOM 生产、DLG 生产、实景三维模型制作等，最终形成各类测绘产品。

9. 无人机摄影测量流程

1）作业准备

（1）资料搜集。
主要搜集以下资料：
①测区范围、航摄要求；
②地形地貌、气候条件；
③基础控制点资料；
④航飞报批程序；
⑤图纸资料（地形图、卫星影像和规划设计图等）。
（2）测区踏勘。
踏勘调查摄区内高大建筑物、高压线、无线电干扰源等有可能影响飞行安全的地面信息。对不熟悉情况的测区，宜进行测区踏勘，以便了解测区内与生产、生活有关的相关情况。
（3）技术设计。
技术设计书编写格式及内容要求可参照附录 A 执行。
（4）仪器检查。
作业适用的各种仪器、器材在生产作业之前应进行检查校正，并在检校合格有效期内使用。

2）控制测量

　　无人机摄影测量的控制测量包括像控点的外业控制测量及像控点的内业刺点，内业刺点主要是人机交互的过程，外业布点要求相对较高。像控测量之前应进行现场踏勘，选择作业道路、特征地物、布标位置等，合理分配人员和仪器。外业像控点要求布设在成像清晰且上空开阔的区域、避免航片的边缘，控制点分布应能控制整个测区并能满足成果精度要求，相邻像对和相邻航线之间的控制点宜公用。

　　外业像控点布设方法有全野外法和非全野外法。全野外法布点工作量大、效率较低，目前主要采用非全野外法布设像控点，其包括航线网法和区域网法。非全野外像控点布设方法需要少量的像控点，基于解析空中三角测量进行区域网平差，进而获取加密点的坐标。

3）数据采集

　　根据摄影的地形起伏情况和成图精度要求，合理选择飞行平台和相机。在航飞之前，要依据项目精度要求，进行航摄分区的划分、基准面确定、重叠度设计、航线敷设设计以及航摄地面标志铺设。在确保无人机满足风速、能见度、温度、光照、管制等条件下实施航飞工作。

航摄实施过程中，应遵循以下原则：

（1）使用机场起降时，应按照机场相关规定飞行；不使用机场起降时，应根据无人飞行器的性能要求，选择起降场地和备用场地。

（2）航摄实施前应制订详细的飞行计划，且应针对可能出现的紧急情况制定应急预案。

（3）在保证飞行安全的前提下，且光照和能见度条件允许时，可实施云下摄影。

（4）采用 GNSS 或 IMU/GNSS 辅助航空摄影时，按照 GB/T 27919—2011 执行。

（5）起飞前应校准气压高度计、GNSS 大地高、地形图海拔高程三者之间差异，确保飞行实时高度控制与设计航高不出现较大系统性偏差。

（6）应填写航摄飞行记录表。

航摄成果资料一般包括以下内容：①影像数据；②影像位置和姿态数据；③航摄分区示意图、航线示意图；④航摄飞行记录表；⑤摄区完成情况图；⑥相机检校报告；⑦航摄批文；⑧航摄资料审查报告；⑨航摄技术设计书；⑩航摄技术总结报告；⑪航摄成果检查报告与验收报告；⑫航摄成果清单；⑬其他相关资料。

4）数据处理

（1）预处理。

①区域分块

应根据航摄分区、软硬件处理能力，合理设置分块大小。分块接边处宜选择地形起伏较小区域。区域接边处需有控制点分布，且控制点可适当加密。

②格式转换

根据后处理需求，可对原始数据进行数据格式转换，但不应损失几何信息和辐射信息。

③影像增强

在不影响成果质量和后续处理的前提下，对阴天、雾霾等原因造成的质量较差影像，可适当进行增强处理。

（2）空中三角测量。

①技术设计。

项目设计和专业设计中涉及空中三角测量时，应满足本标准的各项技术要求，特殊情况不能达到时应明确说明原因，并通过项目组织管理部门的审核批准。项目设计书、专业设计书的编写要求及主要内容按 CH/T 1004—2005 执行。在满足规定精度的前提下，可采用新技术和新方法，应经过实践验证并提供实验报告，同时在技术设计书中明确说明相关要求和规定。

②相对定向。

连接点中误差优于 1 个像素，最大残差优于 3 个像素。每个相对连接点分布均匀。每相对连接点数目应大于 30。

③绝对定向。

区域网平差计算结束后，基本定向点残差、检查点误差、公共点较差最大限值，按照 GB/T 23236—2009 执行。平差计算时对连接点、像片控制点进行粗差检测、删除或修正。

（3）三维重建。

①模型质量要求。

统一瓦片划分准则，包括起始位置、瓦片尺寸。在条件允许情况下，瓦片尺寸宜尽量大。无特殊要求情况，数据起算原点应保持一致。无特殊要求情况，空三、瓦片划分、三维成果应保持空间参考一致。

②分块接边处理。

宜选择比例尺相同、地形较为平坦且具有控制点分布的区域进行分块。接边区域可采用公用控制点，严格控制精度，确保无明显几何偏差，保证接边瓦片的完整性。

5）数据成果

（1）成果类型和格式。

倾斜摄影测量数据成果类型与成果格式宜参照表1-2执行。

表1-2　倾斜摄影测量数据类型与成果格式

序号	成果类型	成果格式
1	数字高程模型（DEM）	.Tiff 等
2	数字正射影像（DOM）	.Tiff 等
3	数字线划地图（DLG）	.Tiff 等
4	数字地表模型（DSM）	.Tiff 等
5	三维点云（3D point）	.ply、.vtk 等
6	实景模型	.Osgb、.3D tiles、.S3m 等

（2）成果质量检查。

①检查内容。

倾斜摄影测量成果数据质量检查项主要包括空间参考系、位置精度、完整性、产品质量及附件质量，具体要求宜参照表1-3执行。

表1-3　倾斜摄影测量数据质量检查项

质量要求	检查项	检查内容
精度检查	空间参考系	平面坐标系、高程坐标系、投影参考
	位置精度	平面精度、高程精度
完整性	/	成果数据类别、要素数量和作业范围
数据质量	几何检查	（1）道路、水系等地物要素连续均匀。 （2）建筑物等构筑物外形轮廓清晰可见。 （3）树木外形趋于合理，允许独立无支撑植被模型。 （4）无不合理空洞、起伏、扭曲、碎片和漂浮物
	纹理检查	纹理分辨率和纹理真实性

续表

质量要求	检查项	检查内容
附件质量	原始数据	原始数据结构、内容的完整性和正确性
	文档成果	其他属于项目成果的文件资料的正确性和完整性。 （1）成果文件资料内容应合理、可靠。 （2）质检报告的内容应完整，表述应清楚，总结报告分析结论应合理

②检查方法。

参考系的质量子元素包括：大地基准、高程基准和地图投影。主要是检查模型数据采用的大地基准、高程基准和地图投影是否符合设计情况，主要采用外业打点检核和内业人机交互方法检查。倾斜摄影测量数据精度检查主要质量元素表如表1-4所示。

表1-4 倾斜摄影测量数据精度检查主要质量元素表

质量元素	质量子元素	检验内容	检验手段
空间参考系	大地基准	检查采用的大地基准符合设计要求	人机交互检查
	高程基准	检查采用的高程基准符合设计要求	
	地图投影	检查采用的地图投影符合设计要求	
位置精度	平面精度	检查平面位置精度符合设计要求	人机交互检查
	高程精度	检查高程位置精度符合设计要求	
	场景中模型相对位置	检查场景中模型相对位置的正确程度	

【自主学习任务单】

1. 学习任务 认识无人机，学习无人机组装及无人机摄影测量基本流程			
任务	自测标准		学习建议
无人机的组装	☐	支臂安装	安装支臂时，支臂上的编号需要对应机身上的编号，支臂跟机身上的铝件都设计有安装角度定位平面，安装时电动机朝上
	☐	螺旋桨安装	通过支臂编号跟桨固定螺栓上的标号，选择正确的正反桨安装在对应的支臂上。 螺旋桨固定螺栓有正反之分，螺栓上的旋转方向标识为锁紧（LOCK），即电动机不动，桨按标识方向旋转

续表

任务		自测标准	学习建议
无人机的组装	□	相机安装	（1）根据飞行天气条件设置相机光圈、快门、焦距等参数，确保相机存储空间足够。 （2）将相机放入云台相机安装座，锁上相机螺栓，接入相机快门线和相机电源线
	□	电池安装	首先将电池放进电池安装位上，然后用扎带压紧。电池放入安装位时，需稍微侧放，安装时不可用蛮力，不然碳板的棱角容易损坏电池表面。最后将扎带穿过碳板小长槽，压紧电池。 警示：（1）安装前需用电显测量电池电压，满电是 25.2 V； （2）此时先不接通电源
	□	无人机检查	（1）遥控器、飞机电池及移动设备是否电量充足； （2）摄像头是否清洁； （3）机臂及螺旋桨是否正确安装； （4）确保已插入 SD 卡； （5）电源开启后相机和云台是否正常工作； （6）开机后电机是否能正常启动

2. 学习笔记

无人机摄影测量系统主要由哪些部分构成？

【任务评价表】

序号	评价项目	评价内容	分值	学员互评（40%）	教师评价（60%）
1	专业能力（70分）	能够说出无人机的定义、分类和组成部件	5		
2		能够正确分辨出无人机的种类	5		
3		能够独立完成无人机的组装，包括相机、电池、螺旋桨、控制器等	10		
4		能够正确安装模拟飞控软件	10		
5		能够完成模拟飞控软件的通道调校	5		
6		能够正确设置模拟飞控软件的各项参数	5		
7		能够使用模拟器完成无人机的起飞、飞行操控以及降落	10		
8		能够熟练操控遥控器完成飞行的各种运动	10		
9		清点、检查实训器材完好，并能正确装箱	5		
10		清扫和整理现场	5		
11	职业素养（30分）	严格遵守操作规程，严禁违规作业	5		
12		具有严谨细致的工作作风，作业前仔细检查实训器材	5		
13		团队合作意识，互相协作良好	5		
14		航空从业人员的安全作风，确保实训过程中器材和人员的安全	5		
15		扎实严谨工作作风	5		
16		精益求精的工匠精神	5		
得分			100		
姓名：	学号：		总得分：		评价人：

工作任务2　无人机航测影像获取

 任务描述

　　无人机摄影测量项目实施，首先要进行无人机航空摄影获取航测影像。本任务主要学习利用无人机对某一目标区域进行航空摄影测量，并获取符合项目成果质量要求的无人机航摄像片。

　　生产某区域 0.2 m 地面分辨率的 4D 产品。利用航摄无人机根据规划航线，对目标区域进行航空摄影测量，最终得到质量合格的无人机航摄成果。

 学习目标

1. 知识目标

（1）了解无人机航摄飞行的流程；

（2）了解航线规划的基本知识；

（3）了解航空摄影的过程及基本要求；

（4）了解航摄成果的内容和质量检查流程；

（5）能够说出影像快拼图制作的基本流程；

（6）了解影像快拼制作的成果及应用。

2. 能力目标

（1）能够说出无人机航摄飞行的流程；

（2）能够利用无人机模拟飞行软件独自完成航摄飞行；

（3）能够说出航空摄影的基本流程；

（4）能够利用无人机进行野外航空摄影，得到符合规范要求的航摄成果；

（5）能够进行航摄成果质量检查；

无人机外业操作流程

（6）能够制作影像快拼图；

（7）能够说出影像快拼制作的成果及应用。

3. 素质目标

（1）培养自主实践能力；

（2）培养实践规划和动手能力；

（3）培养认真探索、刻苦钻研、严于律己的精神；

（4）有理想、敢担当、能吃苦、肯奋斗的职业精神；

（5）培养遵守规章制度、爱护教学仪器的精神。

 任务分析

　　生产某地区 0.2 m 地面分辨率的 4D 产品。航摄采用数码航摄仪进行数字航空摄影，像元大小为 4.52 μm，焦距为 35.237 5 mm，航向重叠度优于 60%，旁向重叠度优于 30%，质量符合规范要求。成果要求选择高斯-克吕格投影，采用标准 3 度分带平面直角坐标系，采用 2000 国家大地坐标系统，1985 国家高程基准。

 任务实施

2.1　无人机航摄模拟飞行

 训练设备

装有无人机模拟飞行软件的计算机一台。

 训练方法

老师演示操作，学生跟随练习，并可根据多媒体资源进行复习巩固。

 实施步骤

　　根据无人机航摄计划，利用无人机飞行模拟软件，在室内进行无人机航线规划、航摄飞行。

（1）双击打开"飞机控制中心 . exe"。

（2）首先创建数据连接，单击"创建 TCP 连接"→"创建"，如图 2-1 所示；再单击

"飞行模拟器",选择无人飞行器类型与型号,连接完成后单击"打开飞机",如图 2-2 所示。

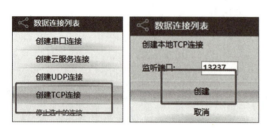

图 2-1 创建 TCP 连接　　　　　图 2-2 选择飞行模拟器

(3)设置无人机起飞点,选择测区地面相对平缓空旷的地方为无人机起降点位置,右键单击,选择"复制'经度、纬度、高度'到剪切板",在无人机模拟器界面初始位置下粘贴将原先坐标值替换,即可将无人机移动到该位置,如图 2-3 所示。

图 2-3 选择起降点位置

(4)在"飞行控制中心"界面"飞行计划"中单击"创建飞行计划",如图 2-4 所示;单击"导入多边形"加载考核提供的 KML 格式航摄范围线;如果没有提供范围线,在添加项中选择"多边形",如图 2-5 所示;双击"地图",在地图上添加飞行范围的多边形顶点选择航摄范围,如图 2-6 所示。

(5)航线参数设置,在"添加项"下选择"航测任务",在"航测设置"下设置"相机参数",选择成图比例尺、航向及旁向重叠度以及航线参数、航线生成参数,单击"完成"即生成航线任务,如图 2-7 所示;在"添加项"下选择"降落"设置"在起飞点降落",如图 2-8 所示。

(6)单击"上传计划至飞机",如图 2-9 所示,等待飞行计划上传完成。保存飞行计划:单击"文件"→"另存为",设置文件名称,如图 2-10 所示。

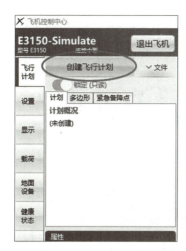

图2-4 创建飞行计划

图2-5 添加飞行范围

图2-6 选择飞行范围

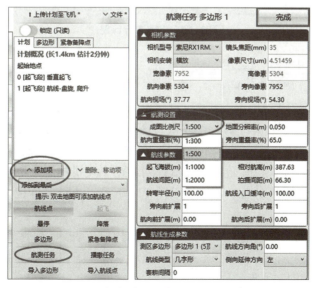

图2-7 添加航测任务及设置航线参数

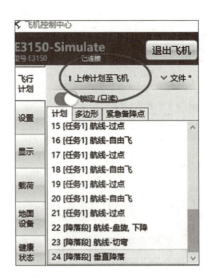

图 2-8　设置降落点　　　　　　　图 2-9　上传计划至飞机

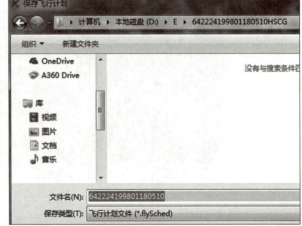

图 2-10　保存飞行计划

（7）在"设置"中单击"启用"动力系统，并设置飞行速度、在数据链丢失时自动返航和低电量自动返航，如图 2-11 所示；在右侧"荷载"→"航测相机"下设置"启用飞控POS 数据记录"，如图 2-12 所示。

若已有未下载的 POS 数据，单击"丢弃 POS 数据"清除上次作业遗留的 POS 数据。

（8）在软件下方单击"飞行计划起飞"，在弹出的确认继续起飞对话框中单击"确定"，如图 2-13 所示，无人机开始执行飞行计划。在"飞机控制中心"界面右方可以实时查看无人机状态；在左侧"显示"→"显示设置"下可以选择多种视野模式查看无人机飞行情况。

（9）无人机执行完任务降落后，在"飞机控制中心"界面右侧"荷载"→"航测相机"下可以查看拍照数量以及下载 POS 数据。最后单击"下载 POS 数据"导出航摄的 POS数据（txt 格式），如图 2-14 所示。

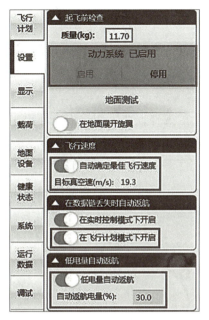

图 2-11　启用动力系统

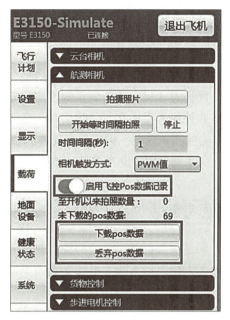

图 2-12　设置记录 POS 数据

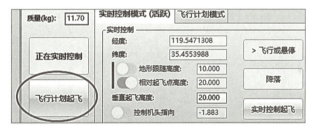

图 2-13　执行飞行计划

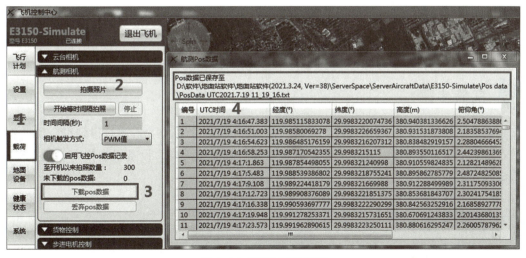

图 2-14　下载 POS 数据

注意事项

（1）实训前要先学习课本上有关内容，了解实训的内容及要求。

（2）严格遵守机房及实训室的使用规定。

（3）在使用过程中必须倍加爱护。除了在思想上重视外，在工作过程中还要采取有效措施，以确保实训设备、设施正常工作，杜绝损坏实训设备、设施的事故发生。

（4）每人必须独立进行实训，按要求提交成果。

思考题

（1）简述无人机航摄飞行的流程？

（2）无人机航摄有哪些航线参数需要设置？

2.2　无人机航空摄影

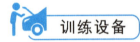

训练设备

（1）航摄无人机；

（2）地面站设备。

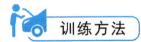

训练方法

配合教材和多媒体资源，完成自主学习。

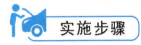

实施步骤

根据项目航摄计划，利用航摄无人机，在目标区域进行航空摄影测量得到符合项目要求的航空摄影测量成果。无人机航空摄影流程主要包括航摄准备、设备组装检查、航摄实施、航摄成果导出与检查。

1. 航摄准备

1）任务规划

（1）任务目标：无人机航空摄影获取测区面积为 $1.5\ km^2$，成图比例尺为 $1:2\,000$ 的影像。

（2）根据成果要求编写任务设计书，确定规划用图、摄影比例尺（分辨率）、影像重叠度要求等内容。本次任务航向重叠度选择70%、旁向重叠度选择50%。

（3）考察起降场地。

依据无人机的起降条件选定尽可能开阔的场地；远离人群、高大的建筑物、机场、军事管辖区及其他敏感区域；要求地面平整、进场条件较好、视野开阔、风向有利、距离作业区域较近。禁飞区需要进行航飞空域申请。

2）设备准备

（1）无人机类型的选择。

固定翼无人机续航时间长，有的可达1 h以上、速度快、航程远，但是无法悬停和垂直起降，对起降场地要求高。多旋翼无人机可定点悬停和垂直起降，操作比较简单，但是续航时间短，航飞速度相对较慢，航程也短。本项目选用SH-20X多旋翼无人机进行作业，如图2-15所示。

（2）相机选择与调试。

图2-15　SH-20X多旋翼无人机

根据任务设计书要求相机可以选择SONY A7R Ⅱ，像元尺寸a：4.54 μm、焦距f：35 mm、地面分辨率选择6 cm，确定飞行航高$h = (f \times GSD)/a$，约等于462 m，并且根据航飞设计估计照片的数量，确保储存卡能够储存下所有影像资料。

相机调试：

①设置相机：拍照模式—M挡（手动模式）、焦距模式—S挡（快门优先模式）、快门—1/1 250、光圈—6.3、曝光补偿—+-0、ISO（感光度）—AUTO（全自动模式）、优化校准—标准—+3、+3、+3（锐度、对比度、饱和度）。（其中快门跟光圈根据具体作业天气而定）。

②拍照：在地面上选取距离一个飞行高度的参照物进行拍照，因为此时光圈处S挡（自动挡），拍完照之后，此时的相机光圈就一个飞行高度的光圈。

③光圈设置：将焦距模式调到MF挡（手动对焦模式），并用纸胶带或电工胶带将手调光圈缠绕固定。

④拍照测试：在此模式下，对着刚才距离一个飞行高度的参照物进行拍照，检查照片质量，如有虚焦，将刚才固定的胶带拿下，重新完成以上步骤，直到得到满意质量的照片为止。

（3）设备检查。

①电池充电，首先给充电器通电，确保外场所需的所有电池电量充足，并记录充电容量。

②设备系统检查：将无人机、地面站、遥控器以及周边设备通电检查、清点设备、装箱。

2. 设备组装检查

1) 无人机组装

进入场地后，按照设备说明书要求组装无人机及地面站（注意：无人机在使用前需要进行实名注册）。不同的无人机组装方法稍有不同，现以大疆 Phantom 4 Pro/Pro+ 系列为例，介绍组装步骤：

（1）按箭头方向移除云台锁扣，如图 2-16 所示。

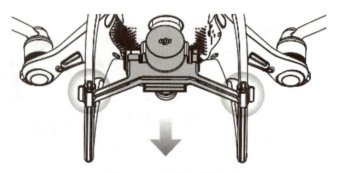

图 2-16　移除云台锁扣

（2）安装螺旋桨：准备一对有黑圈的螺旋桨和一对有银圈的螺旋桨，将印有黑圈的螺旋桨安装至带有黑点的电动机桨座上，将印有银圈的螺旋桨安装至没有黑点的电动机桨座上，如图 2-17 所示。将桨帽嵌入电动机桨座并按压到底，沿锁紧方向旋转螺旋桨至无法继续旋转，松手后螺旋桨将弹起锁紧，如图 2-18 所示。

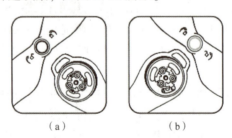

（a）　　　　　　　（b）

图 2-17　安装螺旋桨

（a）印有黑圈的螺旋桨；（b）印有银圈的螺旋桨

图 2-18　安装桨帽

（3）安装智能飞行电池将电池以图 2-19 所示的方向推入电池仓。注意：直到听到"咔"的一声，以确保电池卡紧在电池仓内。

（4）准备遥控器。

展开遥控器上的移动设备支架或显示设备并调整天线位置，如图 2-20 所示。对于 Phantom 4 Pro，请按以下步骤连接移动设备（图 2-21）：

①按下移动设备支架侧边的按键以伸展支架，放置移动设备。

②调整支架确保夹紧移动设备。

③使用移动设备数据线将移动设备与遥控器 USB 接口连接。

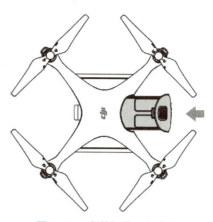

图 2-19　安装智能飞行电池

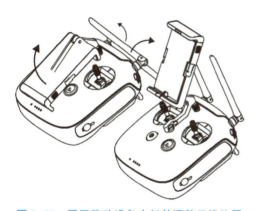

图 2-20　展开移动设备支架并调整天线位置

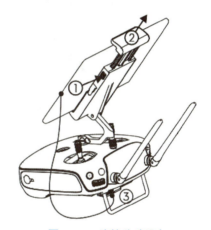

图 2-21　连接移动设备

2）无人机检查

进入场地后，按照设备说明书要求组装无人机及地面站（注意：无人机在使用前需要进行实名注册），完成组装后打开遥控器（确保遥控器模型对应飞机正确），通电检查，流程如下：

（1）将无人机放置在起降点，检查飞机机体结构有无明显损坏；检查机臂安装是否到位；检查螺旋桨安装是否正确。

（2）检查遥控器；检查油门位置是否为最低；检查脚架收放开关是否为放下状态；检查任务模式开关是否为任务；检查飞行模式是否为手动模式。检查完毕后，方可打开遥控器。

（3）飞机通电前需测量电压并检查两块电池电压是否一致；总电压允许误差为 0.1 V 左右。通电时可以先插一块电池，然后静置飞机，等待飞控自检完毕，飞控指示灯为蓝灯或绿灯闪烁，然后再插另一块电池，最后盖好舱盖。

（4）先开遥控器，再接动力电，切记两块电池都要通电。

3）地面站数据连接

先安装 AheadX Space 地面站软件并打开，选择数传端口，因为各电脑识别数传的端口编号不一样，一般选择除 COM1 以外的另一 COM 端口，选择特定的波特率和要连接的无人机类型，单击"ON"→"同步"，等待进度条完成，然后单击"进入地面站"图标，如图 2-22 所示。

图 2-22　飞控数据连接

4）罗盘校准

（1）罗盘校准并不是每次飞行都需要进行的，以下情况需要校准罗盘：

①本次飞行场地距离上次飞行场地超过 100 km。

②无人机解锁时地面站提醒 Compass 错误，需要重新校准罗盘。

（2）罗盘校准流程。

①数据连接完成后，进行罗盘校准。打开调参软件，等待右下角所有参数下载进度条完成。

②单击左侧菜单栏"罗盘校准"，输入当地磁偏角，单击"开始校准"。按照软件提示的校准流程，将无人机抬起，分别绕 X、Y、Z 轴 360° 旋转无人机，如图 2-23 所示，等待通道 1 跟通道 2 中进度条完成，然后单击"结束校准"，关闭调参软件。

③无人机重新断电、通电，重新打开地面站，无人机磁罗盘校准完成。

5）航线任务规划

（1）如图 2-24 所示，选择菜单栏中的"航线编辑面板"，单击"区域文件管理"打开区域管理界面，加载 KML 格式测区范围。

（2）单击"绘制航线或自定义区域"，直接在地图上打点选取飞行范围，按照成果要求调整航测参数，根据地面分辨率 GSD、相机像元尺寸 a、焦距 f，确定飞行航高 $h = (f \times GSD)/a$；根据地形复杂程度，如高差大小，确定影像重叠度（航向重叠度一般为 60%～80%，最小不应小于 53%；旁向重叠度一般为 15%～60%，最小不应小于 8%）；航飞范围要求在任务区范围的基础上航向外扩 2～3 条基线，旁向外扩 2 条航线，单击"生成航线"。

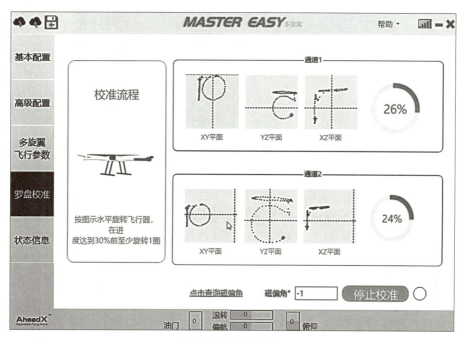

图2-23 罗盘校准

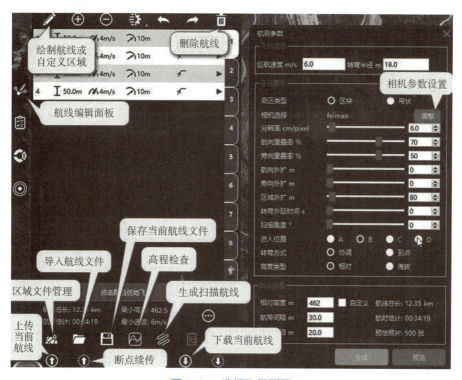

图2-24 选择飞行测区

（3）生成航线以后，检查航线拍照点。

（4）选择挂载相机，如果是新挂载相机需要进行相机参数设置，如图2-25所示。

图 2-25　相机参数设置

（5）单击"高度检查"在弹出的"飞行高度检查"界面中选择"点选参考起飞点"，然后在地图上点选无人机起降点，再单击"高程检查"，查看地面高度与飞机高度的高度差，检查飞行高度是否安全。

（6）单击航线保存按钮将航线保存到文件中。上传航线后删除原有航线，重新下载航线验证航线上传完整性。

（7）打开"数据信息"→"POS"数据菜单，单击"清除信息"清除上架次 POS 数据，单击"拍照一次"试拍照片，检查挂载相机工作情况，如图 2-26 所示。

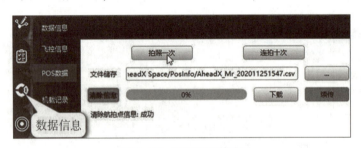

图 2-26　相机拍照检查

（8）利用谷歌地球加载航摄范围对航摄高程和飞行环境再次进行检查，各项检查完成后，无人机准备起飞。

3. 航摄实施

1）起飞

（1）单击起飞图标，无人机起飞 10 m 悬停；

（2）单击航线图标，设置无人机归航降落情况，单击"立即执行"，无人机执行飞行任务，如图 2-27 所示。

2）执行飞行任务

无人机执行飞行任务时测区天气晴朗，风速 0.3 m/s，上空无云雾。航摄时间 10：00—14：00；飞控手应做到遥控器不离手，时刻注意无人机飞行状态，并且不能对

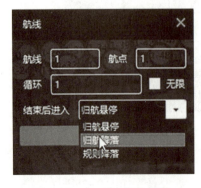

图 2-27　无人机归航设置

遥控器有误操作。另外需要对地面站进行监测，实时了解无人机飞行姿态与飞行轨迹。

3）降落

（1）任务执行完毕，无人机自动返航到 HOME 点后，开始自主下降。

（2）无人机高度降到 30 m 左右，观察机头朝向，并轻轻拨动方向杆将无人机机头朝向调整到与自己面朝方向一致（即机尾正对自己）。

（3）判断降落位置，若无人机落地位置不理想，应轻拨右侧摇杆调整无人机降落位置。

（4）无人机落地后，遥控器油门收到最低，摇杆向左，加锁飞控（待飞控发出提示音，螺旋桨停转即加锁）。

（5）将遥控器脚架收放开关拨到放下，将飞行模式开关拨到手动（若为遥控器任务模式开关控制返航，应将任务模式开关拨回任务模式）。

（6）长按无人机安全开关 3~5 s，加锁无人机（安全开关灯由常亮变为闪烁即为加锁）。

（7）关闭相机电源。

（8）打开舱盖，断开无人机电源，取下电池。

（9）关闭遥控器。

完成作业后按要求拆卸无人机及地面站，清点设备数量，清洁并装箱。

4. 航摄成果导出与检查

1）数据导出

（1）相机照片：将相机关机后拔掉相机触发线，取下相机。将本架次的照片拷贝出来，建立一个新的文件夹。

（2）POS 数据：在"POS 数据"对话框（图 2-30）中选择 POS 数据存储位置，单击"下载"，导出 POS 数据。

2）数据检查

检查 POS 数据和照片数据并整理。

（1）查看照片是否完整，检查 POS 数据和影像数据个数是否一致；检查航飞有没有出现相对漏洞或绝对漏洞，对于漏洞区域，按照原先设计的参数进行补摄。

（2）查看照片是否可用，通过人眼观察，检查影像的清晰度，色调是否一致，地物颜色需要和人眼平时看到的颜色一致，地物需能够看清楚。

（3）检查影像的重叠度和姿态，可以通过 U3 软件快拼操作生成航飞质量检查报告，查看航飞成果是否合格。具体流程如下：

①单击"工程设置"→"新建工程"打开工程设置界面，如图 2-28 所示。对工程路径、影像目录、定位数据（POS 数据）等进行设置，单击"确定"。

②单击"自动处理"→"快速自动检查"，软件自动进行影像匹配计算。

③单击"输出报告"生成质量检查报告，如图 2-29 所示。

图 2-28 U3 软件界面

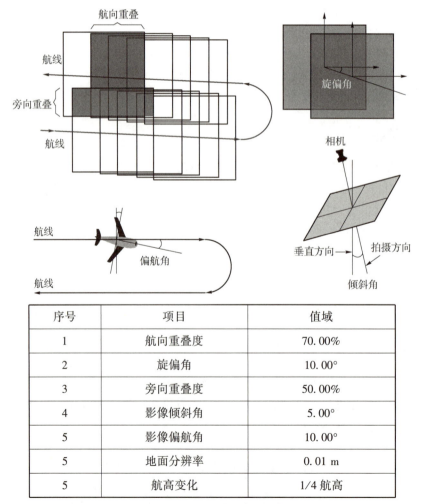

序号	项目	值域
1	航向重叠度	70.00%
2	旋偏角	10.00°
3	旁向重叠度	50.00%
4	影像倾斜角	5.00°
5	影像偏航角	10.00°
5	地面分辨率	0.01 m
5	航高变化	1/4 航高

图 2-29 航飞质量检查报告

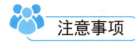 **注意事项**

（1）实训前要复习课本上有关内容，了解实训的内容及要求。

（2）严格遵守机房及实训室的使用规定。

（3）在使用过程中必须倍加爱护。除了在思想上重视外，在工作过程中还要采取有效措施，以确保实训设备、设施正常工作，杜绝损坏实训设备、设施的事故发生。

（4）每人必须独立进行实训，按要求提交成果。

 **思考题**

（1）无人机航摄每次飞行都需要进行罗盘校准吗，哪些情况需要校准罗盘？

（2）无人机航摄成果质量如何检查？

2.3 无人机影像快拼图制作

 **训练设备**

快拼

（1）装有 DoubleGrid 软件的计算机一台（独立显卡）；

（2）相关原始像片及对应的 POS 数据。

 训练方法

配合教材和多媒体资源，完成自主学习。

 **实施步骤**

利用航拍原始像片及对应的 POS 数据，用 DoubleGrid 软件进行影像快拼图制作。

（1）打开 DoubleGrid 软件，新建快拼影像工程。

（2）设置工程路径，添加影像数据，加载 POS 数据，设置航高。单击"确定"后开始运行，如图 2-30 所示。

（3）匹配连接点。

选择"定向生产"→"空中三角测量"→"匹配连接点"，如图 2-31 所示。完成后生成影像预览，如图 2-32 所示。

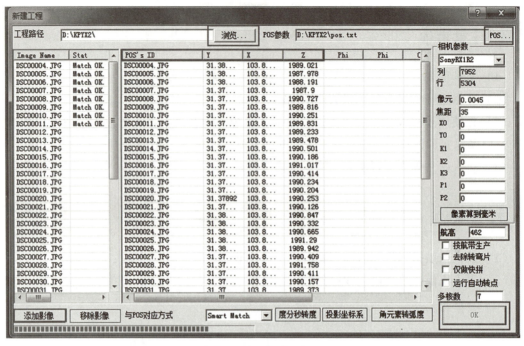

图 2-30 新建工程

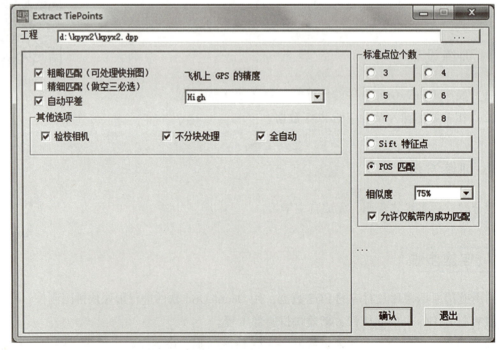

图 2-31 匹配连接点设置

（4）设置 DEM 格网间距、DOM 分辨率。

打开"文件"→"测区参数"，设置 DEM 格网间距与 DOM 分辨率，如图 2-33 所示。

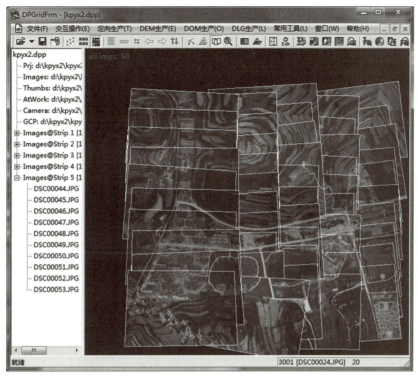

图 2-32　预览模式

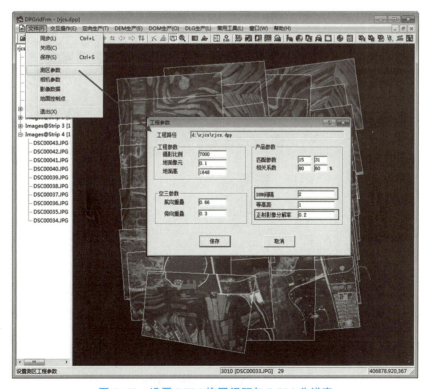

图 2-33　设置 DEM 格网间距与 DOM 分辨率

（5）快拼影像生成。

选择"DOM 生产"→"快拼影像"，如图 2-34 所示，软件自动生成 .dem 文件及快拼影像图 .dpr 文件。由于 .dpr 格式的快拼图不常用，为了后续像控点布设方便，导出 tif 格式的快拼影像图：选择"文件"→"另存为"，保存 tif 格式的快拼影像图，如图 2-35 所示。

图 2-34　软件自动生成 .dem 文件

图 2-35　保存 tif 格式文件

注意事项

（1）实训前要复习课本上有关内容，了解实训的内容及要求。

（2）严格遵守机房及实训室的使用规定。

（3）在使用过程中必须倍加爱护。除了在思想上重视外，在工作过程中还要采取有效措施，以确保实训设备、设施正常工作，杜绝损坏实训设备、设施的事故发生。

（4）每人必须独立进行实训，按要求提交成果。

思考题

（1）无人机航摄每次飞行都需要进行罗盘校准吗，哪些情况需要校准罗盘？

（2）无人机航摄成果质量如何检查？

【工作依据】无人机航测影像获取

1. 航空摄影定义

航空摄影又称"空中摄影"，是指在飞行器上安置专用航空摄影仪或激光雷达设备，从空中对地面目标所进行的摄影方式，是摄影测量信息获取的主要手段。

无人机航空摄影，指利用无人机搭载数码相机，获取地面目标相关信息的航空摄影方法。它是传统航空摄影测量手段的有力补充，具有机动灵活、效率高、精确性好、适用广泛等特点，在小区域和飞行困难地区高分辨率影像快速获取方面具有明显优势。

2. 航空摄影的分类

航空摄影按摄影倾角可分为竖直航空摄影（像片倾角<2°～3°）和倾斜航空摄影。倾斜航空摄影又分为低倾斜和高倾斜两种类型。

航空摄影按摄影方式分为面积航空摄影、线状航空摄影、独立地块航空摄影三类。其中沿数条航线对较大区域进行连续摄影称为面积航空摄影；沿一条航线，对地面狭长地区或沿线状地物（铁路、公路等）进行的连续摄影称为线状航空摄影；独立地块航空摄影是为拍摄单独固定目标而进行的摄影。

3. 航摄相机

1）航摄相机的定义

航摄相机是用来从空中对地面进行大面积摄影的照相机，所摄取的影像必须能满足量测和判读的要求，所以无论航摄相机的结构或是摄影物镜的光学质量都与普通相机有很大区别。

在结构上，现代航摄相机一般都备有重叠度调整器，能每隔一定时间间隔进行连续摄影，保证在同一条航线上，相邻影像之间保持一定的重叠度以满足立体观测要求。此外，为了避免各种环境因素的影响，航摄相机必须有减振装置，制作航摄相机的机械部件应选用防腐蚀和变形极小的特种合金，以保证航摄相机光学系统的稳定性，防止无人机发动机的振动、大气温度的变化（±40 ℃）和无人机升降时由于过载负荷等因素对影像质量的影响。现代最新型的航摄相机还备有像移补偿装置，以消除曝光瞬间由于无人机前进运动而引起的像点位移。

2） 航 摄 相 机 的 分 类

航摄相机的结构形式种类繁多，但其基本结构有镜箱和暗箱两个部分，一般由物镜、光圈、快门、暗箱、检影器及附加装置等组成。

根据摄影时摄影物镜主光轴与地面的相对位置，航摄相机可分为框幅式航摄相机和全景式航摄相机两大类。框幅式航摄相机摄影时主光轴对地面的方向保持不变，每曝光一次获得一幅中心透视投影的图像；全景式航摄相机摄影时主光轴相对地面在不断移动。

航摄相机的像幅比较大，要在大的幅面内获取高质量的影像，在摄影物镜的光学设计、制造摄影物镜所用的光学玻璃的选材、加工、安装和调试等方面都要求特别精细。此外，摄影时为了保证正确曝光，当代航摄相机一般都具有自动测光系统，因此，航摄相机的光学系统是相当复杂的。随着当代科学技术的不断进步，现代航摄相机已发展成高度精密的全自动化航摄仪。

（1） 航摄相机可按摄影机物镜的焦距和像场角分类：

①短焦距航摄相机，其焦距 $F<150$ mm，相应的像场角 $2\beta>100°$；

②中焦距航摄相机，其焦距 150 mm$<F<300$ mm，相应的像场角 $70°<2\beta<100°$；

③长焦距航摄相机，其焦距 $F>300$ mm，相应的像场角 $2\beta\leq70°$。

（2） 航摄相机从专业角度可划分为量测用与非量测用两类：

量测用相机是专业用于摄影测量的相机，这类相机具有像幅大（通过多镜头影像组合）、有框标、内方位元素已知、分辨率高、体积大、对于航摄平台要求高、甚至有多光谱特性等特点。随着无人机技术的发展，大量的非量测相机用于摄影测量，非量测相机具有质量轻、无框标、分辨率满足摄影测量要求、内方位元素未知（相机检校获得）、使用灵活、价格经济等特点。

量测用航摄相机的要求：

①物镜具备良好的光学特性，畸变差要小、分辨率要高、透光率要强。

②机械结构要稳定。

③具备摄影过程自动化装置，使安装在无人机上的此类摄影相机能对地面连续进行摄影。

量测用相机特征：

①像距是一个固定的已知值；

用于测绘地形的航摄相机，摄影的物距要比像距大得多，摄影时摄影物镜固定调焦于无穷远点处，因此，像距是一个定值，约等于摄影物镜的焦距 f。

②传统航摄相机像面框架上有框标标志（fiducial marks）；

像平面与物镜的主光轴垂直，同时像平面也是一个框标平面，如图 2-36 所示。因此像点在影像平面上的位置，可以根据影像上的框标坐标系来确定，如图 2-37 所示。

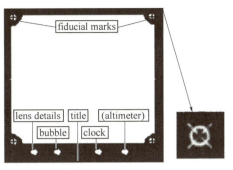

图 2-36 相机框标平面

图 2-37 影像上的框标

③内方位元素（像主点框标坐标系坐标 $x0$、$y0$、影像主距 f）的数值已知。

像主点：相机主光轴与像平面的交点。

影像主距（f）：相机物镜后节点到影像主点的垂距。

4. 航摄影像的分类

通过航空摄影得到的影像主要分为两类：

1) 胶片影像

以胶片作为介质存储的影像称为胶片影像，也称模拟影像。模拟影像获取分为三个过程，即摄影过程、负片过程和正片过程。

摄影过程是将装有感光材料的照相机对准被摄景物，通过镜头的移动，使物像之间满足透镜成像公式，此过程称为调焦或对光。然后根据感光材料的感光性能和景物的光照等条件，调节照相机的光圈和快门，使胶片获得正确的曝光量，此过程称为曝光。这时由于感光物质受光后发生化学反应，使部分卤化银还原为金属银，其作用的大小与景物所反射的光线强弱成正比，故使感光片上构成了金属影像。由于光对卤化银的还原能力很弱，生成的金属银很少，一般肉眼是看不见的，故把这种影像称为潜影。为了使潜影成为可见影像，将曝光后的感光材料在暗室里进行冲洗处理，这个过程称为负片过程。负片过程包括显影、定影、水洗、干燥等步骤，因形成的影像层次与景物的明暗相反，故称为负片或阴片，又因常根据它洗印影像，故称为底片。

为了得到与景物明暗相同的影像，必须再利用感光材料紧密叠加于负片上曝光影像，经过与负片一样的显影、定影、水洗、干燥等处理后，则可得到与负片黑白相反，而与景物明暗相同的影像，具有这种影像的片子称为正片或阳片，如果晒印在像纸上，也可称为影像，上述处理过程称为正片过程。

2) 数字影像

以数字形式存储的影像称为数字影像，可通过数码相机直接获取或将模拟影像数字化。

数码相机：数码相机也称为数字式照相机，英文全称 Digital Camera，简称 DC。数码相机是集光学、机械、电子为一体的产品，它以电子存储设备作为摄像记录载体，通过光学镜头在光圈和快门的控制下，实现被摄物体在电子存储设备上曝光，完成被摄影像的记录。

传统相机使用胶片（卷）作为记录信息的载体，而数码相机的"胶片"则是其成像感光器件加存储器。目前，数码相机的核心成像感光器件有两种：一种是广泛使用的 CCD（Charge Coupled Device）电荷耦合器件图像传感器，另一种是 CMOS（Complementary Metal Oxide Semiconductor）互补金属氧化物半导体图像传感器。数码相机由光学镜头、光电传感器、微电脑、操作面板、取景器、LCD 显示器、存储卡、闪光灯、连接接口、电源等部分构成。它集成了影像信息的转换、存储和传输等部件，具有数字化存取模式与电脑交互处理和实时拍摄等特点。数码相机以电子存储设备作为摄像记录载体，在摄影期间摒弃了传统影像的曝光、冲洗、扫描等过程，而是由电子元器件直接记录、存储地面信息，获取数字影像。数字影像可以借助各种媒介实现图像的实时传递，直接提供给数字摄影测量、遥感图像处理系统做进一步处理。随着科学技术的发展进步，数码相机在摄影测量中的应用日益广泛。

5. 数字影像获取

遥感影像一般有模拟影像和数字影像两种产品形式，模拟影像数字化以及利用数字传感器直接获取数字影像是数字影像获取的两种方式。

数字影像是对于现实事物离散化的一个描述方式，是一种栅格数据形式。数字影像的采样是对实际连续函数模型离散化的量测过程，每隔一个间隔获取一个点的灰度值，这样获取的一个点称为样点，也就是像素。这样的一个间隔称为一个采样间隔，间隔的大小称为像素大小，一般采样以矩形为主，也可使用六边形、三角形等。图 2-38 所示为数字图像采样。

69	78	72	76	85	73	73	70	71	65	67
74	86	85	255	255	255	255	255	70	67	68
71	72	255	41	63	76	96	82	255	68	65
87	255	53	47	74	79	81	80	76	255	72
86	255	74	99	141	118	78	69	69	255	77
89	255	65	113	192	186	141	79	77	255	77
105	100	255	122	217	231	196	95	255	77	67
124	91	74	255	255	255	255	255	92	71	86
126	96	85	151	219	216	216	204	142	85	73

图 2-38 数字图像采样

6. 航空摄影实施的原则

（1）要确保摄区环境有利于航飞，航摄成果能够真实地显现地面细部；

（2）既要保证具有充足的光照度，又要避免过大的阴影；

（3）沙漠、戈壁、森林、草地、大面积的岩滩、盐碱地，不应在正午前后 2 小时进行摄影；

（4）陡峭山区和高层建筑密集的大城市应当在正午前后 1 小时内摄影。

7. 航空摄影的过程及基本要求

航空摄影任务实施过程一般包括任务委托、签订合同、航摄技术计划制订、航摄申请与审批、空中摄影实施、摄影处理、资料检查验收等环节。

在空中摄影实施前，任务承担单位应根据下达的任务，收集资料及设备，依据现行航空摄影技术设计规定及待测图相应比例尺地形图的航空摄影规范，拟定技术设计书，制订航摄任务计划。为了测绘地形图以及获取地面信息的需要，空中摄影要按航摄计划的要求进行，并确保获得完整的立体覆盖及较高的航摄影像质量。

航空摄影通过飞机上的导航系统来控制航线飞行、航线间距及影像曝光间隔等航摄作业参数。

1）航空摄影任务委托书的主要内容

（1）根据计划测图的范围和图幅数，划定需航摄的区域范围，按经纬度或图幅号在计划图上标示出所需航摄的区域范围，或直接标示在小比例尺的地形图上；

（2）确定航摄比例尺；

（3）根据测区地形和测图仪器，提出航摄仪的类型、焦距、像幅的规格；

（4）确定对影像重叠度的要求；

（5）规定提交资料成果的内容、方式和期限，航摄资料成果包括航摄底片、航摄影像（按合同规定提供的份数）、影像索引图、航摄软件变形测定成果、航摄仪鉴定表、航摄影像质量鉴定表等。

2）航摄设计

（1）收集航摄地区已有的地形图、控制测量成果、气象等有关资料；包含地形地貌、地表植被以及周边的机场、重要设施、城镇布局、道路交通、人口密度等信息。

（2）选择地面分辨率。

根据项目的实际要求，选择合适的地面分辨率，一般是制作大比例尺成果数据，地面分辨率的选择可参考表 2-1。

表 2-1　地面分辨率

航摄比例尺	地面分辨率/cm
1∶500	≤5
1∶1 000	8～10
1∶2 000	15～20

根据地面分辨率，结合相机的焦距和相机的像元尺寸大小，设计航飞时无人机的航高，即距离地面的飞行高度，确定航摄比例尺，四者之间的关系公式为

$$h = \frac{f \times GSD}{a} \quad (2-1)$$

式中，h 为相对航高；f 为镜头焦距；a 为像元尺寸；GSD 为地面分辨率，如图 2-39 所示。

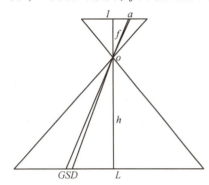

图 2-39　航摄比例示意图

上述设计，是传统的正射航摄的设计，倾斜摄影由于搭载了垂直镜头和倾斜镜头，常见的一般是倾斜 45°。这样一来，按照传统的航摄计算的航高，并不能用来计算倾斜的距离。按照 45°角算，倾斜的距离应该是垂直距离的 $\sqrt{2}$ 倍。下面以型号为索尼 5100 的相机为例说明倾斜摄影时，焦距和航高以及分辨率之间的关系。

索尼 5100 相机，像幅 6 000 mm×4 000 mm，传感器尺寸 23.5 mm×15.6 mm，像元大小 3.9 μm。假设某测区需要生产分辨率为 3 cm 的实景三维模型，要求垂直镜头和倾斜镜头航摄影像分辨率均优于 0.03 m，则需要按照以下数据来选择相机。

以地面分辨率为 0.03 m，倾斜镜头焦距为 35 mm 计算，代入式（2-1）中可得到航高约为 270 m，换算为垂直距离约为 190 m。显然，把 190 m 代入式（2-1）中反求出来的垂直镜头焦距不是 35 mm，而约是 25 mm，说明倾斜摄影时，要想每个镜头的影像分辨率均一致，则在选择同一款相机时，要选择不同焦距的相机。上述例子中相机的选择，就是垂直镜头焦距选择 25 mm，倾斜镜头焦距选择 35 mm，航高 190 m，就可以摄取地面分辨率均优于 0.03 m 的影像。

目前的航线规划软件，都是按照垂直镜头来计算航高的，所以在选择相机的时候，要选择合适焦距的相机，这样生产的三维实景模型效果更好。

（3）划分航摄分区。

实际生产中，一般项目无人机一个架次都是无法完成航空摄影，所以就需要对航摄范围进行分区，根据 CH/Z 3005—2010《低空数字航空摄影规范》要求，在对摄区进行分区时，要遵循以下原则：

①分区界线应与图廓线相一致；

②分区内的地形高差不应大于 1/6 航摄航高；

③在地形高差符合 5 条规定，且能够确保航线的直线性的情况下，分区的跨度应尽量划大，能完整覆盖整个摄区；

④当地面高差突变，地形特征差别显著或有特殊要求时，可以破图廓划分航摄分区。

（4）航线敷设。

完成航摄分区划分后，根据以下原则，完成航线的敷设：

①航线一般按照东西向平行于图廓线直线飞行，特定条件下也可以按照南北向飞行或沿线路、河流、海岸、境界等方向飞行；位于摄区边缘的首末航线应设计在摄区边界线上或边界线外。

②曝光点应尽量采用数字高程模型依地形起伏逐点设计。

　　③进行水域、海区摄影时，应尽可能避免像主点落水，要确保所有岛屿达到完整覆盖，并能构成立体像对。

　　④荒漠、高山等隐蔽地区和测图控制作业特别困难的地区，可以敷设构架航线，构架航线根据测图控制点设计的要求设置。

　　⑤根据合同要求航线按图幅中心线或按相邻两排成图图幅的公共图廓线敷设时，应注意计算最高点对摄区边界图廓保证的影像和与相邻航线重叠度的保证情况，当出现不能保证的情况时，应调整航摄比例尺。

　　在实际作业过程中，只有极少数飞控软件支持变高飞行，所以一般都是固定高度飞行。航线敷设时，要考虑地面分辨率，要以普遍较低的区域来计算相对航高。在航线敷设时，利用地面站软件，一般外扩任务区 1~2 条航线。

　　对于倾斜摄影，一般倾斜镜头夹角是 45°，所以在设计外扩距离时，一般按照航高设计，比如航高 200 m，则在设计外扩距离时，一般大于 200 m 即可。

　　（5）计算航摄因子。

　　计算航摄所需的飞行数据和摄影数据，主要包括绝对航高、摄影航高、影像重叠度、航摄基线、航线间隔距、航摄分区的航线数、曝光时间间隔和影像数等。

　　（6）申请航飞空域。

　　如果是管辖区，根据申请空域审批里面的内容，按时进行航飞。如果是非管辖区，根据周围环境，确保安全后再正式作业。

　　（7）确定航摄的日期和时间。

　　航空摄影应选择本摄区最有利的气象条件，尽可能地避免或减少地表植被和其他覆盖物（如积雪、洪水、沙尘等）对摄影和测图的不良影响，确保航摄影像能够真实地显现地面细部。在合同规定的航摄作业期限内选择最佳航摄季节，综合考虑以下主要因素：

　　①摄区晴天日数多；

　　②大气透明度好；

　　③光照充足；

　　④地表植被及其覆盖物（如洪水、积雪、农作物等）对摄影和成图的影响最小；

　　⑤彩红外、真彩色摄影，在北方一般避开冬季。

　　航摄时间的选定原则如下：

　　①既要保证具有充足的光照度，又要避免过大的阴影，一般按表 2-2 的规定执行。对高差特别大的陡峭山区或高层建筑物密集的大城市，应进行专门的设计。

表 2-2　航摄时间选择与太阳高度角的关系

地形类别	太阳高度角/(°)	阴影倍数/倍
平地	>20	<3
丘陵地、小城镇	>30	<2
山地、中等城市	≥45	≤1
高差特大的陡峭山区和高层建筑物密集的大城市	限在当地正午前后各一小时进行摄影	<1

②沙漠、戈壁滩等地面反光强烈的地区，一般在当地正午前后各 2 小时内不应摄影。

③彩红外与真彩色摄影应在色温 4 500~6 800 K 进行；雨后绿色植被表面水滴未干时不应进行彩红外摄影。

【自主学习任务单】

1. 学习任务

无人机航测影像获取，包括无人机航摄飞行（模拟飞行）、无人机航空摄影、影像快拼图制作

任务	自测标准		学习建议
1）无人机航摄飞行（模拟飞行）	☐	飞行模拟器创建连接	（1）打开"飞机控制中心 . exe"； （2）创建数据连接，单击"创建 TCP 连接"→"创建"； （3）选择无人飞行器类型与型号，连接完成后单击"打开飞机"
	☐	设置起飞点	（1）选择测区地面相对平缓空旷的地方为无人机起飞点位置右键单击，选择"复制'经度、纬度、高度'到剪切板"； （2）在无人机模拟器界面初始位置下粘贴将原先坐标值替换
	☐	创建飞行计划	（1）在"飞行控制中心"界面"飞行计划"中单击"创建飞行计划"； （2）单击"导入多边形"加载考核提供的 KML 格式航摄范围线；或在"添加项"中选择"多边形"双击地图，在地图上添加飞行范围的多边形顶点选择航摄范围； （3）航线参数设置：在"添加项"下选择"航测任务"→"航测设置"下设置相机参数、航测设置、航线参数； （4）设置降落点：在"添加项"下选择"降落"，设置"在起飞点降落"； （5）上传飞行计划：单击"上传计划至飞机"上传飞行计划。单击"文件"→"另存为"，保存飞行计划
	☐	设置自动返航、启用飞控 POS 数据记录	在"设置"中单击"启用"动力系统，并设置飞行速度以、在数据链丢失时自动返航和低电量自动返航；在右侧"荷载"→"航测相机"下设置"启用飞控 POS 数据记录"，若已有未下载的 POS 数据，单击"丢弃 POS 数据"清除上次作业遗留的 POS 数据
	☐	执行飞行计划	在软件下方单击"飞行计划起飞"，在弹出的"确认继续起飞"对话框中单击"确定"，无人机开始执行飞行计划
	☐	航摄成果	（1）飞行计划； （2）POS 数据。 无人机执行完任务降落后，在"飞机控制中心"界面右侧"荷载"→"航测相机"下可以查看拍照数量以及下载 POS 数据。最后单击"下载 POS 数据"导出航摄的 POS 数据

任务	自测标准		学习建议
2）无人机航空摄影	☐	航摄准备	（1）任务规划； （2）设备准备
	☐	设备组装	（1）无人机组装； （2）无人机检查； （3）地面站数据连接； （4）罗盘校准； （5）航线任务规划
	☐	航摄实施	（1）起飞； （2）执行飞行任务； 无人机执行飞行任务飞控手应做到遥控器不离手，时刻注意无人机飞行状态，并且不能对遥控器有误操作。另外需要对地面站进行监测，实时了解无人机飞行姿态与飞行轨迹。 （3）降落
	☐	航摄成果导出与检查	（1）数据导出： ①相机照片； ②POS数据。 （2）数据检查： ①查看照片是否完整； ②查看照片是否可用； ③检查影像的重叠度和姿态
3）无人机影像快拼图制作	☐	影像数据整理	（1）照片数据整理； 删除起飞及降落时镜头未垂直向下的影像。 （2）POS整理： 依次为ID、经度、纬度、高程
	☐	快拼影像制作	（1）打开DoubleGrid软件，新建快拼影像工程。 （2）设置工程路径，添加影像数据，加载POS数据，设置航高。单击"确定"后开始运行。 （3）匹配连接点，选择"定向生产"→"空中三角测量"→"匹配连接点"。 （4）设置DEM格网间距，DOM分辨率。 打开"文件"→"测区参数"，设置DEM格网间距与DOM分辨率。 （5）快拼影像生成。 选择"DOM生产"→"快拼影像"，软件自动生成.dem文件及快拼影像图.dpr文件，选择"文件"→"另存为"，保存tif格式的快拼影像图
	☐	成果提交	（1）整理好的POS成果； （2）DSM成果； （3）DOM成果

2. 学习笔记

（1）航空摄影的定义？

（2）名字解释：
航空摄影、航摄相机、数字影像。

（3）航空摄影的过程及基本要求？

【任务评价】

序号	评价项目	评价内容	分值	学员互评（40%）	教师评价（60%）
1	专业能力（70分）	能够说出无人机航摄飞行的流程	5		
2		能够说出航线规划的重要参数及常用设置	5		
3		能够利用无人机模拟飞行软件独自完成一次航摄飞行	10		
4		能够说出航空摄影的过程及基本要求	5		
5		能够利用无人机进行野外航空摄影，得到符合规范要求的航摄成果	10		
6		能够进行航摄成果质量检查	5		
7		能够说出影像快拼的操作步骤和目的	5		
8		能够制作影像快拼图	10		
9		能够说出影像快拼制作的成果及应用	10		
10		能够对影像快拼成果进行正确命名	5		
11	职业素养（30分）	严格遵守操作规程，严禁违规作业	5		
12		具有严谨细致的工作作风，作业前仔细核实操作步骤和注意事项	10		
13		扎实严谨工作作风，能按照工作指导书正确命名工作文件和成果文件	10		
14		精益求精的工匠精神	5		
得分			100		
姓名：		学号：	总得分：		评价人：

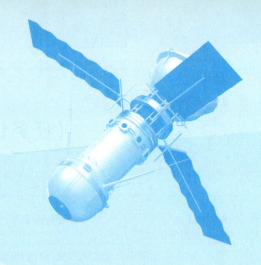

工作任务 3　像控点测量

任务描述

　　要生产某地区 0.2 m 地面分辨率的 4D 产品，在完成了外业航飞与质量检查的基础上，根据项目要求完成像控点的布设与采集，提交最终像控成果：像控片和坐标。

学习目标

1. 知识目标

（1）了解像控点的布设原则；

（2）了解像控点的选择与标志制作；

（3）了解平面控制点、高程控制点、平高控制点的概念。

2. 能力目标

（1）能够说出像控点的概念；

（2）能够说出平面控制点、高程控制点、平高控制点的概念；

（3）能够进行像控点布设。

3. 素质目标

（1）培养对照学材自主学习的能力；

（2）培养人文素养、科学素养、职业道德和精益求精的工匠精神；

（3）培养学生的积极性、主动性、创造性；

（4）培养严格执行规范，保证成果质量，爱护仪器设备的习惯。

布控讲解

任务分析

　　生产某地区 0.2 m 地面分辨率的 4D 产品。航摄采用数码航摄仪进行数学航空摄影，像元大小为 4.52 μm，焦距为 35.237 5 mm，航向重叠度优于 60%，旁向重叠度优于 30%，质量符合规范要求。成果要求选择高斯−克吕格投影，采用标准 3 度分带平面直角坐系，采用 2000 国家大地坐标系统，1985 国家高程基准。现阶段主要讲解如何获取像控点，最终得到符合规范要求的像控资料。

任务实施

3.1　像控点布设方案

　　根据某指导区域的快拼影像数据，利用 ArcGIS 软件对快拼影像进行纠正，按照像控点布设方案，圈定像控点的位置，再根据像片的重叠度和布点位置要求，在相应的像片中选择合适点的范围进行标记。

训练设备

　　(1) 装有 ArcGIS 软件的计算机一台。
　　(2) 相关数据包。

训练方法

　　配合教材和多媒体资源，完成自主学习。

训练步骤

1. 资料准备

　　(1) 影像数据：快拼的影像数据；
　　(2) POS 数据：POS 数据坐标系为 2000 国家大地坐标系。

2. 快拼影像纠正

快拼影像图的精度低，像主点坐标与实际影像信息位置不匹配，在布设像控点之前需要依据 POS 数据对影像图进行坐标纠正。利用 ArcGIS 软件完成相关操作：

1）加载数据

加载快拼影像，加载整理好的 POS 数据。

2）地理配准

（1）在 ArcGIS 软件菜单栏下，右击选择"地理配准"命令，如图 3-1 所示。

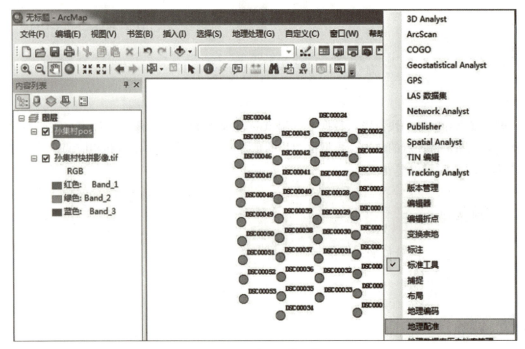

图 3-1　地理配准工具

（2）选择同名点。

通过单张像片像主点位置及正射影像图中的相应位置，组成一组同名点。分别采集坐标，共选择测区四周的 4 组同名点，如图 3-2 所示。

（3）添加控制点。

在"地理配准"工具中添加选取的同名点坐标，实现影像坐标纠正，如图 3-3 所示。

3. 创建 shp 图层

在 ArcGIS 软件"arccatalog（目录）"下，建立像控点、检查点 shp 图层（面图层），如图 3-4 所示。

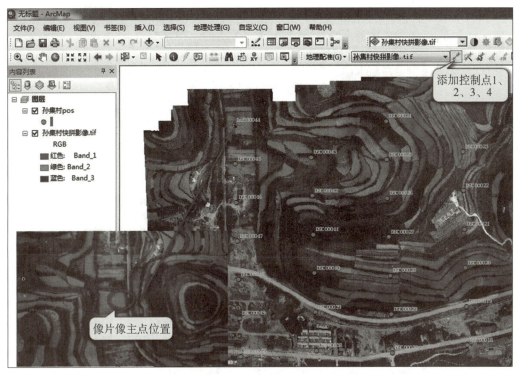

图 3-2 同名点选择

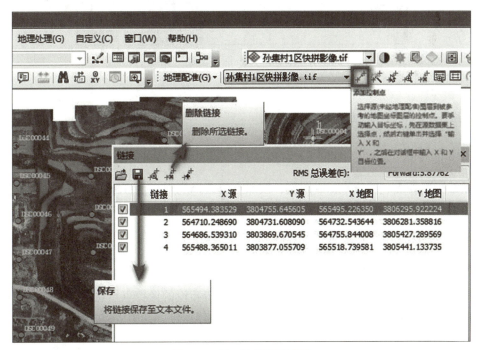

图 3-3 纠正控制点的设置

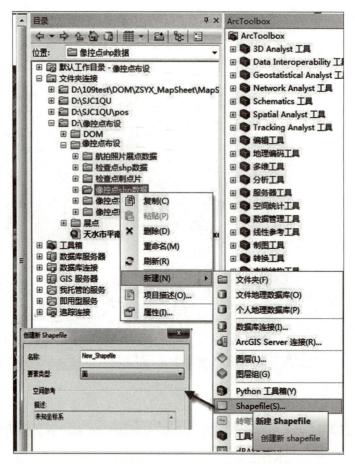

图 3-4 shp 图层创建

4. 像控点点位布设

1) 点位布设

开始编辑像控点、检查点 shp 图层，按照点位选择规则，在目标点位处，用圆形圈出目标点位，如图 3-5 所示。根据 1∶2 000 成图时像控点区域网布设规范要求进行点位布设，如图 3-6 所示。

2) 点位调整

为满足像控点在像片上的点位要求，需要对初步布设的像控点点位进行调整。将每个点位涉及的像片加载到 Photoshop 软件中，对比判读最佳点位，如图 3-7、图 3-8 所示。

3) 确定点位范围

依据上述方式，确定像控点最终点位，如图 3-9 所示。

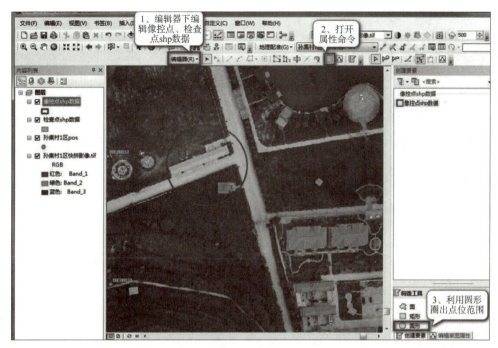

图3-5　点位布设

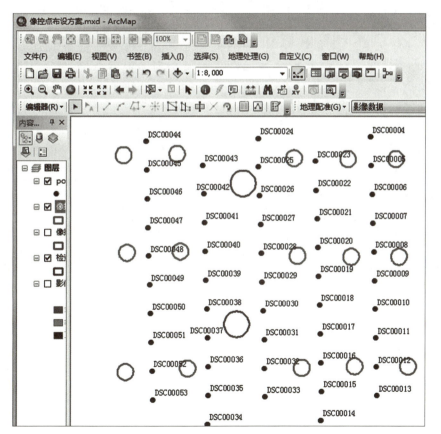

图3-6　测区内像控点初步布设

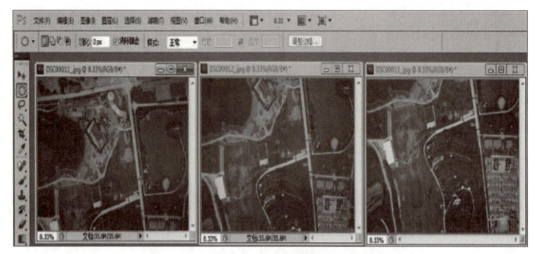

图 3-7　三度重叠

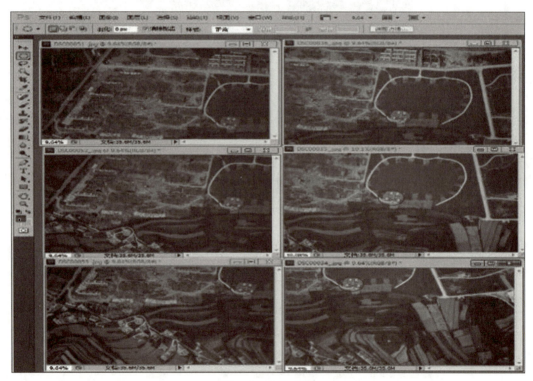

图 3-8　六度重叠

5. 像控点命名

像控点编号为：地名+测区区号+点编号；检查点编号为：J 地名+测区区号+点编号。

例如：孙集村 1 区像控点命名为：SJC1Q001、SJC1Q002、…、SJC1Q123，孙集村 1 区检查点命名为：JSJC1Q001、JSJC1Q002，如图 3-10 所示。

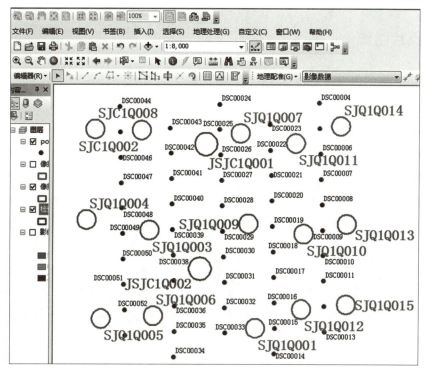

图 3-9　确定点位范围

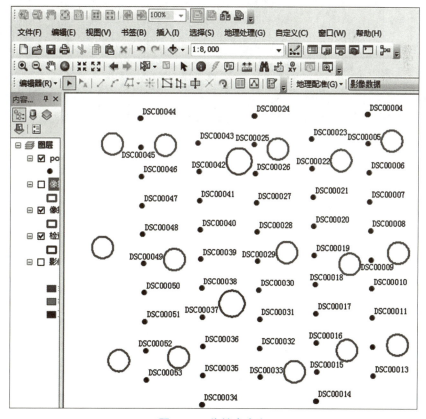

图 3-10　像控点命名

6. 刺点片制作

（1）依据选择的像控点及检查点点位，挑选刺点片。

（2）利用 Photoshop 软件，在刺点片上标注像控点、检查点点号、点位及刺点片片号，如图 3-11 所示。

图 3-11　像控点刺点片示意图

7. 制作测量路线图

为方便外业像控点测量，将像控点、检测点点位套合正射影像图制作测量路线图。具体操作：

（1）标注像控点、检测点、POS 点点号并设置像控点、检测点、POS 点点号的字体大小，如图 3-12 所示。

（2）设置图纸尺寸：在 ArcGIS 软件→"文件"→"页面和打印设置"中完成，如图 3-13所示。

（3）导出地图：在 ArcGIS 软件→"文件"→"导出地图"，如图 3-14、图 3-15 所示。

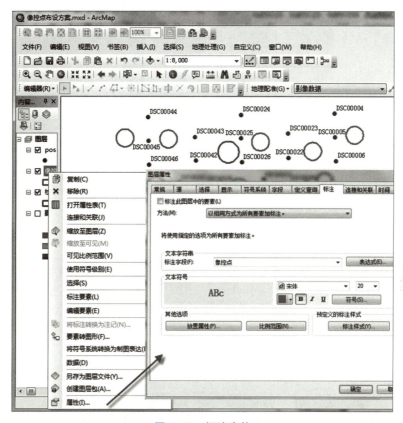

图 3-12　标注字体

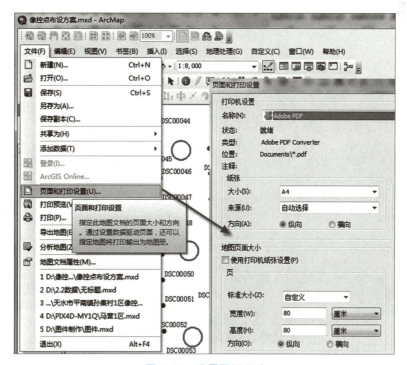

图 3-13　设置图纸尺寸

图 3-14 导出地图

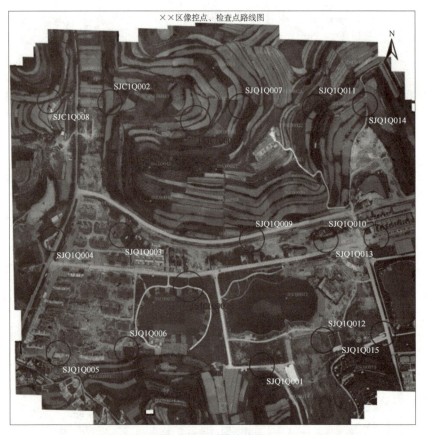

图 3-15 测量路线图

8. 成果整理提交

1）成果整理

像控点内业布设成果包括：POS 数据、检查点、像控点矢量数据（.shp/kml 格式），如图 3-16 所示。

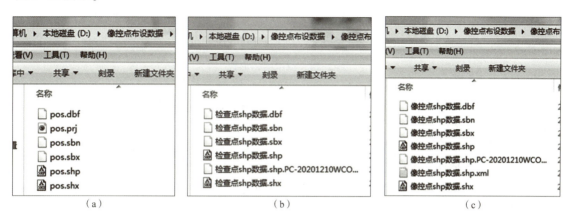

图 3-16 shp 数据

（a）POS 数据；（b）检查点；（c）像控点矢量数据

像控点刺点片、检查点刺点片、测量路线图（.jpg 格式）如图 3-17 所示。

图 3-17 jpg 格式

（a）像控点刺点片；（b）检查点刺点片；（c）测量路线图

2）成果提交

成果组织形式如图 3-18 所示。

图 3-18　成果组织形式

 **注意事项**

（1）由于像控点采集在野外进行，因此要注意人身安全和仪器设备的安全。

（2）在使用过程中必须倍加爱护。除了在思想上重视外，在工作过程中还要采取有效措施，以确保实训设备、设施正常工作，杜绝损坏实训设备、设施的事故发生。

（3）每两人为一组进行实训，按要求提交成果。

 **思考题**

（1）像控点布设完需要提交的成果资料有哪些？

（2）简述像控点布设的流程。

3.2　像控点采集

根据内业布设的像控点，通过像控点点位实地选点的要求进行像控点点位选择，并进行坐标测量及采集照片。

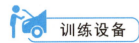 **训练设备**

（1）GPS-RTK、警示服、警示桶；

（2）计算机一台、照相机。

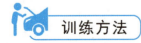 **训练方法**

配合教材和多媒体资源，完成自主学习。

训练步骤

1. 资料准备

（1）像控点内业布设数据；

（2）坐标系：2000 国家大地坐标系，按高斯-克吕格 3 度分带投影；

（3）设备：GPS-RTK、警示服、刺针、电脑；

（4）图纸资料：路线图、刺点片照片。

2. 路线规划

根据内业提供的路线图、刺点片，及手机上的地图软件规划像控点测量的路线。这样可避免走重复路，提高工作效率。

3. 点位选择及刺点

1）点位选择

根据路线图到达图纸上红圈所标的实地位置，通过路线图上 POS 点号找到所对应的照片，然后通过照片结合实地情况选择像控点位置，如图 3-19 所示，道路白色分割线东南角。

2）刺点

像控点目标选定后，在现场用刺点针把目标准确地刺在像片上，刺孔要小而透，针孔直径不大于 0.1 mm，如图 3-20 所示。

图 3-19　像控点实地位置

图 3-20　像控点照片刺点位置

针孔位置要准，不仅要判读准确，还要下针位置准确，刺点过程中，用力太大，会使针孔过大，用力太小，会导致照片没有一次性刺穿，同一个点刺多次最后会造成针孔太大，因此在刺点的过程中，要掌握好刺点的力度，在刺点结束后由另外一人做检查，检查刺点位置是否正确。

图 3-21　手簿界面

4. 坐标测量

利用思拓力 S6 接收机连接千寻 CORS 系统完成测区像控点测量。

（1）打开 RTK 手簿界面，如图 3-21 所示。

（2）单击图 3-21 中的 SurPad 3.0 软件，进入 SurPad 3.0 菜单界面，如图 3-22 所示。

单击"项目管理"→"新建"，如图 3-23 所示；"输入项目名称"→"确定"，如图 3-24 所示；进入参数设置界面，如图 3-25 所示。

图 3-22　菜单界面

图 3-23　项目

（3）椭球参数选择国家 2000，投影参数中投影方式选择高斯投影，中央子午线输入测区所在地的中央子午线，其他参数默认不需要修改，如图 3-26、图 3-27 所示。

（4）坐标参数设置。

"四参数/水平平差参数"设置，如图 3-28 所示，单击"四参数/水平平差参数"，输入相关参数，是否使用，选择"是"，设置完单击"确定"。

　　"高程拟合参数"设置，如图3-29所示，单击"高程拟合参数"，输入相关参数，是否使用，选择"是"，设置完单击"确定"，进入菜单界面。

图3-24　新建项目

图3-25　参数设置界面

图3-26　"椭球参数"设置界面

图3-27　"投影参数"设置界面

图3-28 "四参数/水平平差参数"设置界面

图3-29 "高程拟合参数"设置

（5）通信设置。

单击"通信设置"，进入蓝牙连接界面，如图3-30所示，仪器型号和通信模式为默认不做更改，设备名称与RTK机头名称一致，如图3-31示。

图3-30 蓝牙连接界面

图3-31 RTK机头名称

选取与机头一致的名称单击"连接"，连接完成自动进入菜单界面。

（6）数据链设置。

单击仪器下"数据链设置"，如图3-32所示。

①工作模式选择"移动站"，数据链模式选择"网络"，如图3-33所示，单击"确定"进入移动站网络设置，如图3-34、图3-35所示。

图3-32 菜单界面

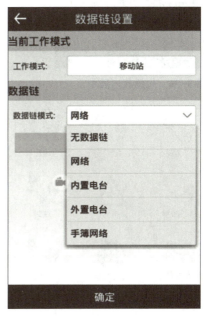

图3-33 数据链设置

图3-34 网络设置1

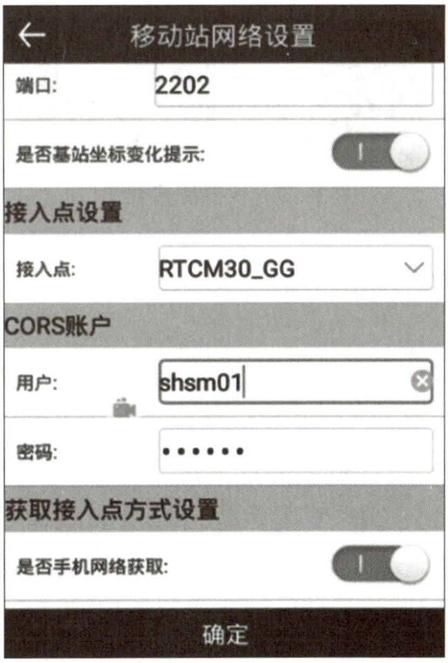

图3-35 网络设置2

②输入 CORS 账号、密码、端口、接入点、IP 地址等，连续单击三次"确定"，即自动连接 CORS 卫星基站，连接完成后，自动回到菜单界面，当仪器处于固定解时可进入测量。

图 3-36　仪器气泡居中

（7）数据采集。

①调整对中杆使仪器气泡居中，如图 3-36 所示。

②进入仪器点测量模式，如图 3-37 所示。

③进入控制测量开始采集数据，在采集过程中，仪器会对同一个点进行多次测量，自动求取平均值，得到一组数据，如图 3-38 所示。在此过程中，要保证对中杆水准气泡一直居中。

图 3-37　仪器测量界面

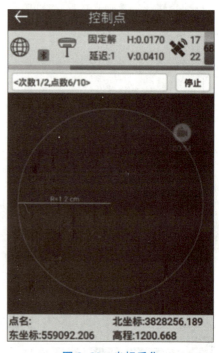

图 3-38　坐标采集

④在采集后要输入像控点点名及仪器天线高（量取高度为对中杆的高度），如图 3-39 所示。

⑤每个像控点以此步骤采集三次，三次点名分别为："像控点名-1""像控点名-2""像控点名-3"。

（8）三次数据采集完成，单击"查看数据"，如图 3-40 所示。

对比三次采集的数据，其平面坐标分量较差不超过 3 cm，垂直坐标分量较差不超过 5 cm 时，方可使用数据，如果较差超限则删除重新测量，直到较差不超限为止，有时可能是因为仪器信号的原因造成较差超限，可以升高仪器（注意修改仪器天线高），或耐心在原地等待，当三次采集的数据符合精度要求时，该点的坐标采集结束。

图 3-39 测量完成界面　　　　　图 3-40 查看数据

5. 刺点片整饰

刺点片的整饰是对像片正反两面按要求进行整饰。

1) 正面整饰

在像片正面以之前刺的针孔为圆心用红色圆珠笔画 7 mm 的圆，在圆旁边以分式的形式标注出点号和高程，其中分子为点名、点号，分母为高程，如图 3-41 所示。

2) 反面整饰

在像片反面以针孔为圆心用黑色圆珠笔画 3 mm 的圆，并画 2.5 cm×2.5 cm 的正方形，在正方形内简明地绘制出刺点略图，并写出刺点说明、刺点人、检查人及日期，如图 3-42 所示。

图 3-41 刺点片正面整饰

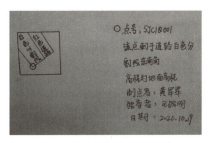

图 3-42 刺点片反面整饰

6. 现场照片采集

像控点坐标测量完，保持 RTK 在原位置不动采集实地照片，拍摄一张近照，如图 3-43 所示，照片要能保证看清对中杆尖落地的位置。

并在不同方向拍摄三张远景照片，要能反映所选的刺点处与周边特征地物的相对位置关系，如图 3-44 所示。

图 3-43　实地照片（近照）

SJC1Q001　　SJC1Q001　　SJC1Q001
(1).jpg　　　(2).jpg　　　(3).jpg

图 3-44　实地照片（远照）

7. 坐标导出

当天数据采集完成后，将 RTK 数据导出，RTK 手簿退回到菜单界面，单击"项目"→"数据文件导出"进入导出文件，选择要导出的数据文件即工程名称，选择文件格式为"Cass 格式"，如图 3-45 所示，单击"确定"，选择位置输入文件名，单击"导出"，如图 3-46 所示。

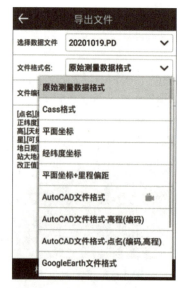

图 3-45　文件格式选择

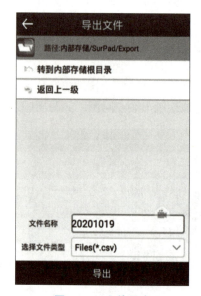

图 3-46　文件导出

需要再导一份文件类型为原始测量数据格式的数据（CSV 格式），需将上图中文件格式选择为原始测量数据，此时所有的数据已经在 RTK 手簿内存卡上，将手簿连接在电脑拷贝出来，也可通过手机、电脑连接手簿蓝牙传输。

8. 成果整理

成果整理分为实地照片整理和测量数据处理。

1）实地照片整理

每一个像控点按像控点点号建立文件夹，如图 3-47 所示，像控点实地照片用像控点点号命名，如图 3-48 所示。

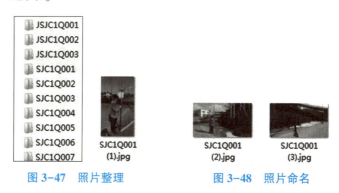

图 3-47 照片整理   图 3-48 照片命名

2）测量数据处理

（1）将文件格式为 DAT 的文件用 Excel 打开，选择所有文件，如图 3-49 所示。

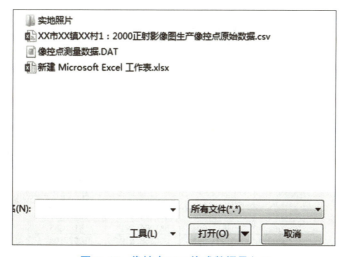

图 3-49 像控点 Dat 格式数据导入 1

（2）分隔符选择逗号，然后单击两次"完成"，如图 3-50 所示。

（3）对点号相同的每组数据求取平均值，如图 3-51 所示。

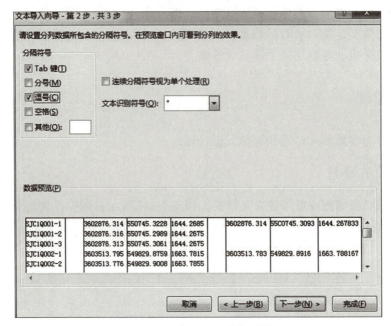

图 3-50　像控点 Dat 格式数据导入 2

SJ1001-1	3602876	550745.3	1644.269				
SJ1001-2	3602876	550745.3	1644.268		3602876.314	550745.309	1644.268
SJ1001-3	3602876	550745.3	1644.268				
SJ1002-1	3603514	549829.9	1663.782				
SJ1002-2	3603514	549829.9	1663.786		3603513.783	549829.892	1663.788
SJ1002-3	3603514	549829.9	1663.798				
SJ1003-1	3603676	550874.8	1627.438				
SJ1003-2	3603676	550874.8	1627.437		3603676.037	550874.812	1627.435
SJ1003-3	3603676	550874.8	1627.432				
SJ1004-1	3603818	551064.3	1618.656				
SJ1004-2	3603818	551064.3	1618.658		3603817.604	551064.341	1618.653
SJ1004-3	3603818	551064.4	1618.647				
SJ1005-1	3603993	550858.9	1607.111				
SJ1005-2	3603993	550858.8	1607.108		3603993.342	550858.872	1607.108
SJ1005-3	3603993	550858.9	1607.106				
SJ1006-1	3604066	550389	1582.665				
SJ1006-2	3604066	550389	1582.664		3604065.567	550388.995	1582.662
SJ1006-3	3604066	550389	1582.659				

图 3-51　像控点坐标平均值

（4）平均值保留三位小数，最后制作像控点成果表，如图 3-52 所示。

XX市XX镇XX村1：2000正射影像图生产像控点成果表			
点号	坐标		
	X	Y	Z
SJC1Q001	3602876.314	550745.309	1644.268
SJC1Q002	3603513.783	549829.892	1663.788
SJC1Q003	3603676.037	550874.812	1627.435
SJC1Q004	3603817.604	551064.341	1618.653
SJC1Q005	3603993.342	550858.872	1607.108
SJC1Q006	3604065.567	550388.995	1582.662
SJC1Q007	3603718.890	549675.525	1554.525
SJC1Q008	3603369.364	551669.689	1595.842

图 3-52　像控点成果表

注意事项

（1）像控点采集在野外进行，需注意人身安全和仪器设备的安全。

（2）在使用过程中必须倍加爱护，除了在思想上重视外，在工作过程中还要采取有效措施，以确保实训设备、设施正常工作，杜绝损坏实训设备、设施的事故发生。

（3）每两人为一组进行实训，按要求提交成果。

思考题

（1）像控点刺点有什么要求？

（2）为什么像控点坐标采集需三次以上？

【工作依据】像控点测量

1. 像片控制布设的相关理论基础

1）像片控制点基本概念

像片控制点是指为摄影测量加密或 4D 产品生产的需要，直接在实地测量的控制点，简称像控点。根据其具体应用的不同作用分为下列三种：

（1）平面控制点：只需测定点的平面坐标，简称平面点，一般用 P 代表平面点；

（2）高程控制点：只需测定点的高程，简称高程点，一般用 G 代表高程点；

（3）平高控制点：需同时测定点的平面坐标和高程，简称平高点，一般用 N 代表平高点。

2）布设原则

（1）按照摄区面积进行估算。通常 1 km² 内保证 30 个控制点，即每间隔 200~300 m 需布设一个平高点。房屋顶部、山（坡）顶、山（坡）脚、鞍部等应相应地增加控制点，从而使数据的精度有进一步的提高。

（2）基于建模软件算法估算。从最终空三特征点点云的角度可以提供一个控制间隔，建议值是按每隔 20 000~40 000 个像素布设一个控制点，其中有差分 POS 数据（相对较精确的初始值）的可以放宽到 40 000 个像素，没有差分 POS 数据的至少 20 000 个像素布设一个控制点。同时也要根据每个任务的实际地形地物条件灵活应用，如地形起伏异常较大的、大面积植被及面状水域特征点非常少的，需要酌情增加控制点。

（3）针对无人机的飞行架次估算。通常每个架次布设 5~6 点，两长边各布设 3 点，或四角点各布设 1 点，中间再加 1 点；考虑两个相邻架次有一长边 3 点重合共用，两个架次可以布设 6~9 点，如图 3-53 所示。三个架次以此类推。

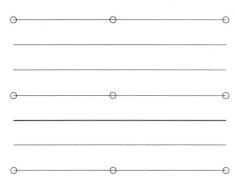

图 3-53　像控点的理想布设位置示意图

（4）像控点一般按照航线分布在全区统一布点，可不受图幅单位的限制。

（5）像控点应尽量使平面点和高程点合二为一，即布设成平高点。

（6）相邻像对和相邻航线之间的像控点应尽量公用，当航线间像片排列交错而不能公用时，必须分别布点。

（7）位于不同成图方法的图幅之间的控制点，或位于不同航线、不同航区分界处的像片控制点，应分别满足不同成图方法的图幅或不同航线和航区各自测图的要求，否则应分别布点。

（8）当图幅内地形复杂，需采用不同成图方法布点时，一幅图内一般不超过两种布点方案，每种布点方案所包括的像对范围相对集中，可能时应尽量按航线布点，以便于内业作业。

（9）位于自由图边或非连续作业的待测图边的像控点，一律布在图廓线外，确保成图满幅。

3）像控点的布设方式

布点时既要尽量均匀布设，又要重点突出高程变化较大的地方。图 3-54（a）所示的布点方案较好，既均匀，又满足高程布设要求；图 3-54（b）都布设在中间，测区四角部分未布点，不均匀。

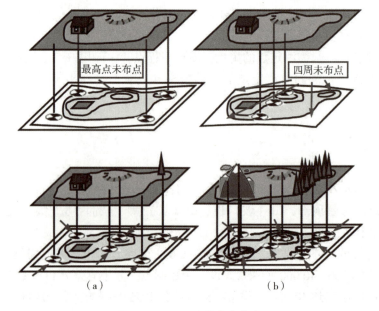

（a）　　　　　　　　　　（b）

图 3-54　不正确的布点方案

4) 布设方案

像控点的布设按像片控制点在航测成图过程中所起作用,可分为全野外布点、非全野外布点、特殊情况布点、布设航标法、无人机摄影测量像控点布设方案和倾斜摄影测量像控点布设方案。选择布点方案时主要应考虑地形类别、成图方法和精度等内容。

(1)全野外布点。

像片控制点全部由外业测定时,称为全野外布点。全野外布点精度较高,但外业控制测量的工作量较大,使用范围受限制,所以常被非全野外布点所代替。

全野外布点法常用于特殊要求及特殊地形,如测图精度要求较高的测量,或者在小面积测图时才使用。全野外布点方案又可分为单片全野外布点和单模型全野外布点。

①单片全野外布点。

在每张像片测绘区域的四个角上各布设一个平高控制点,在像主点附近布设一个平高点用作检查,如图3-55所示。

②单模型全野外布点。

每个立体像对应布设四个平高点,像主点处布设两个高程点,如图3-56所示。

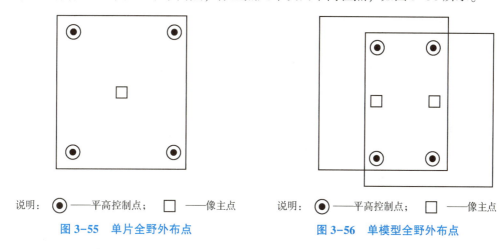

说明: ◉——平高控制点; □——像主点

图3-55 单片全野外布点

说明: ◉——平高控制点; □——像主点

图3-56 单模型全野外布点

(2)非全野外布点。

采用非全野外布点时,外业只需测定少量的控制点作为内业进行加密的基础。因此,作为加密基础的外业控制点必须精度高、位置可靠,而且应满足加密方法提出的点位要求。非全野外布点按构网方式的不同,又分为航带网布点(单航线布点)和区域网布点等。

①航带网布点。

在解析法空中三角测量加密过程中,进行绝对定向需要解算7个绝对定向元素,理论上最少需要2个平高控制点和1个高程控制点。在实际生产中,可在航线模型两端的4个角上和中部布设5个平高控制点,为了提高改正精度,一般布设6个平高点,这就是航线网布点的五点法和六点法。其中五点法主要用于平地、丘陵地,六点法主要用于山地和高山地,如图3-57、图3-58所示。

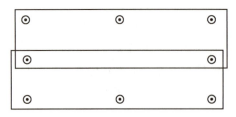

图 3-57　航线网五点法布点

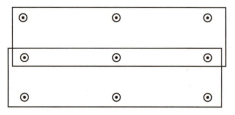

图 3-58　航线网六点法布点

②区域网布点。

区域划分时应尽量布设成矩形，区域划分的大小和像控点间的跨度根据成图精度、航摄资料条件以及对系统误差的处理等因素确定。区域网的划分和布点应以能满足空中三角测量精度要求为原则，要求如下：

a. 划分区域网时应尽量避免航线结合处落在区域网的首末航线上。

b. 若精度要求不同的图幅划在同一区域网内，布点应满足精度高的要求。

c. 同一摄影比例尺、不同航摄仪所摄像片若划在同一个区域内，应在航向衔接处每一条航线加布 1 个平高控制点。

d. 每个区域网有不少于 1 个平高点用作检查，布设在区域网中心部位附近。

e. 航线方向相邻平高控制点的间隔基线数估算公式［式（3-1）］；航线方向相邻高程控制点的间隔基线数估算公式［式（3-2）］；采用光束法区域网平差时，间隔基线数估算值可适当放宽。

$$m_s = \pm 0.28 \times k m_q \sqrt{n^3 + 2n + 46} \tag{3-1}$$

式中，m_s 为连接点（空三加密点）的平面中误差，单位为毫米（mm）；k 为像片放大成图的倍数；m_q 为上下视差量测的单位权中误差，单位为毫米（mm），视实际具体情况取值；n 为航线方向相邻平高控制点的间隔基线数。

$$m_h = \pm 0.088 \times \frac{H}{b} m_q \sqrt{n^3 + 23n + 100} \tag{3-2}$$

式中，m_s 为连接点（空三加密点）的平面中误差，单位为毫米（mm）；H 为平均相对航高，单位为米（m）；b 为像片基线长度，单位为毫米（mm）；m_q 为上下视差量测的单位权中误差，单位为毫米（mm）；n 为航线方向相邻平高控制点的间隔基线数。

区域网布点的基本原则：平高控制点沿网的周边布设，周边六点法、周边八点法、周边多点法布设三种情况，如图 3-59 所示，高程控制点则采用网状布点。

区域网加密具有精度高、野外工作量小等优点，广泛应用于大面积航测成图中。

平高区域网布点要求每条航线的两端必须布设高程点，平地、丘陵地高程点除区域网周边布点外，区域网内部高程点的间隔按航线跨度布设。1∶2 000 比例尺的高程控制点间隔 4~6 条基线，1∶500 和 1∶1 000 比例尺测图应全野外布点，采取内业加密时跨度应为 2~4 条基线，如表 3-1 所示。区域网的高程点排数最多不得大于 5 排，如图 3-60（a）所示。该区域网共有 4 排高程点（小黑点），中间两排之间基线跨度较大，共四条航线。

区域网应尽量布设成矩形，航线数小于 4 条时采用六点法布设如图 3-60（a）所示。大于四条时采用八点法或多点法，如图 3-60（b）所示。

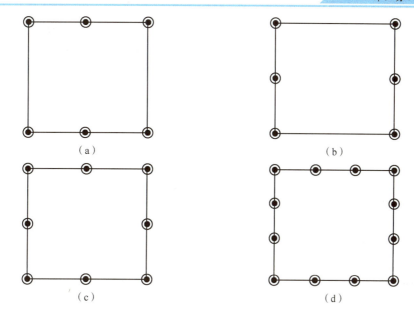

图 3-59 区域网平高控制点布设图形
（a）六点法1；（b）六点法2；（c）八点法；（d）多点法

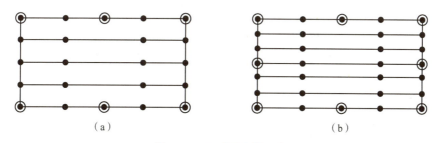

图 3-60 区域网布点要求

表 3-1 区域网航线数和控制点间基线数

比例尺	航线数	平高控制点基线数	高程控制点基线数
1∶500	4~5	4~5	5~6
1∶1 000	4~6	6~7	6~10
1∶2 000	2~4	2~4	4~6

平高区域网受地形影响无法布设矩形时，应在区域网周边凸角处布设平高点，凹角处布设高程点。当沿航向的凸凹角间距大于或等于3条基线时，则在凹角处也应布设平高点。如图 3-61 所示，包含4条航线，左上角凹角处两点由于距离大于3条基线，也必须布设平高点。

（3）特殊情况布点。

由于地形条件或航摄资料的影响，如摄影区内出现大面积水域，使像主点和标准点位落水；摄影航线航向或旁向重叠过大或过小（即航向重叠度小于53%，旁向重叠部分小于15%的重叠度）；航区或航摄分区结合处，按规范规定有困难或不能保证作业精度时，必须采取比较灵活的办法布设像控点。处理特殊情况的布点原则：保证成果成图质量的基本要

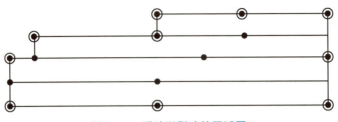

图 3-61　受地形影响的区域网

求；照顾实际测定的可能；考虑外业的工作量。

（4）布设航标法（像控点标志）

实际航测工作中，当遇到沙漠、农田、滩涂、森林地区等在实地无法找到明显影像特征点时，为提高摄影测量成果精度要求，在航摄前应按布点方案提前布设航标。倾斜摄影高精度数据生产项目，一般提前布设航标。

航标常用如图 3-62 所示两种形式，常用的有三角形标和圆形标。如图 3-63 所示，其大小一般为设计航飞地面分辨率的 6~7 倍。

图 3-62　常用航标

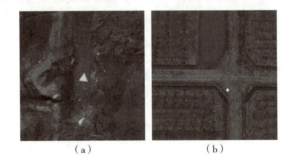

（a）　　　　　　　　　（b）

图 3-63　三角形、圆形航标影像图

（a）三角形航标；（b）圆形航标

航标必须在航拍前完成，且与航拍的时间间隔不能太长，必须保证在航拍时标志保存完好。

（5）无人机摄影测量像控点布设方案

实践证明，适当增加像控点数量，在一定程度上可提高空三精度。无人机航摄主要采用的像控点布设方案有如下几种：

①四角单点布设方案。即只在测区的四个角布设像控点，如图 3-64（a）所示。

②四角点组布设方案。即把测区的四角布设成点组的形式，如图 3-64（b）所示。

③四周均匀布设，边角不加密的方案。即在测区四周按照一定密度均匀布设像控点的方

法，如图 3-64（c）所示。

④四周边均匀布设，四角点组布点方案。即在测区四周按照一定密度均匀布设像控点，边角处采用点组布设，如图 3-64（d）所示。

⑤四周边均匀布设加少量内部点的布设方案。即在测区四周采用均匀布设像控点的方式，使用少量的内部像控点，如图 3-64（e）所示。

⑥四周边均匀布设，四角点组布点，加少量内部点的布设方案。即在测区四周均匀布设像控点，边角处采用点组布设，如图 3-64（f）所示。

针对以上各种布点方案，通过生产实践中发现：

①在区域四角布设平高像控点，虽然控制了整个测区，但是像控点精度太低。相较之下，区域四周均匀布设平高像控点可以提高整体精度。

②采用四角点组布点，四周边均匀布设，加少量区域中间点的布点方式精度最高。

③点组像控点布设方案与单点布设方案实验比较，其精度有着明显的提高，对于光束法平差来说，只要区域周边均匀布点及区域四角布设合适的点组，区域中可以不用布设像控点，方便了大型区域网像控点的布设。

④采取点组均匀布设时，像控点的密度过小，多余的观测量不足，会影响解算精度。

⑤无论区域大小，四周均匀布设像控点，四点布设平高像控点均有利于保证区域内部的精度。

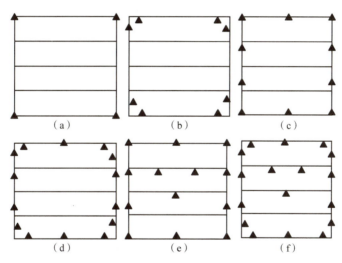

图 3-64　无人机航摄布点方案

（6）倾斜摄影测量像控点布设方案。

倾斜摄影测量一般用于高精度测绘，在像控点布设过程中应遵循以下原则：

①根据项目对精度的要求，合理控制像控点间距；

②范围线边缘、拐角处、重点区域等关键位置需布设像控点；

③内业像控点布设需根据三角网构网原理，确定像控点的大致点位；

④布设像控点时必须覆盖整个测区的范围，做到不重不漏；

⑤每个架次，在空三加密精度薄弱区域布设 3~4 个检查点，用于检测空三精度。

某区 1∶2 000 像控点布设方案如图 3-65 所示。

像控点内业面设示意图

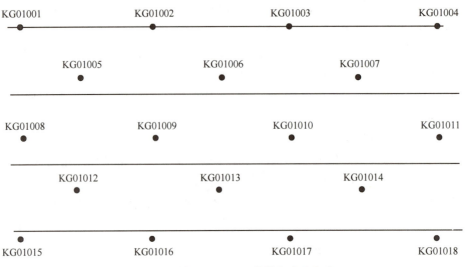

图 3-65 某区 1 : 2 000 像控点布设方案

5） 点 位 选 择 要 求

像控点的布设不仅和布点方案有关，考虑航测成图过程中像控点的量测精度，绝对定向和各类误差改正对像控点的点位要求。

像片条件：

（1）像控点一般应布设在航向及旁向六片或五片重叠范围内，如图 3-66 所示。除摄区首末点外，测区周边像控点应选在三度重叠处。同一像控点在每张像片上的点位都能准确辨

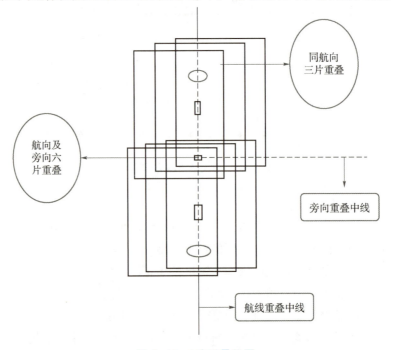

图 3-66 6 度重叠位置

认、转刺和量测，符合刺点目标的要求及其他规定，这样内业加密或测图定向时可增加量测次数，提高量测精度。

（2）像控点距离像片上各类标志应大于 1 mm。为了保证不影响立体观察，在接近压平线和各类标志进行立体观测时，测标不能准确切准目标，影响量测精度。

（3）像片控制点应选在旁向重叠中线附近，如图 3-67 所示，离开方位线的距离应大于 3 cm（18 cm×18 cm 像幅）或 4.5 cm（23 cm×23 cm 像幅），如图 3-68 所示。当旁向重叠过大时，离开方位线的距离应大于 2 cm（18 cm×18 cm 像幅）或 3 cm（23 cm×23 cm 像幅），否则应分别布点。为了保证航线模型连接，相邻两条航线共用同一控制点也可以减少野外工作量。提高航线网旁向倾斜和鞍形扭曲两种模型变形的改正精度。

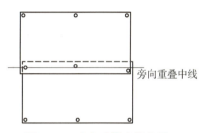

图 3-67　旁向重叠中线位置图

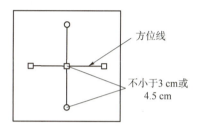

图 3-68　离开方位线的距离位置要求

因航线旁向重叠较小需分别布点时，控制范围所裂开的垂直距离不得大于 2 cm，否则应分别布点。根据内业测图理论和实践得知，内业加密应在像控点所包围的范围内进行，超出这个范围越远成图精度越低，为了保证像控点能有效地控制测绘面积，超控制点作业范围一般不能大于 1 cm，若上、下航线各超出 1 cm，则最大为 2 cm，是裂开的最大垂直距离，如图 3-69 所示。

（4）距像片边缘不得小于 1 cm（18 cm×18 cm 像幅）或 1.5 cm（23 cm×23 cm 像幅），如图 3-70 所示。像片边缘存在较大的影像误差，清晰度较低，不能保证立体量测精度。综合法测图，高程全部由外业测定，测图时控制点距航向边缘的距离可以放宽。

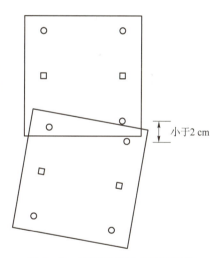

图 3-69　所裂开的最大垂直距离

说明：在航测成图中平面精度优于高程精度，且航向模型连接精度优于旁向。

（5）全野外布点时，用于立体测图的四个定向点，点位偏离通过像主点且垂直于方位线的直线不大于 1 cm，最大不大于 1.5 cm，构成的图形尽量成矩形，如图 3-71 所示。

（6）区域网布点时，区域网四周控制点要能控制测绘面积。

（7）按航线网布点时，航线两端的控制点应分别布设在图廓线所在的像对内，每端上、下两像控点最好选在通过像主点且垂直于方位线的直线上，左右偏离不大于一条基线（18 cm×18 cm 像幅）或半条基线（23 cm×23 cm 像幅），如图 3-72 所示；航线中央的像控点应尽量选在两端像控点的中间，左右偏离不超过一条基线，如图 3-73 所示。

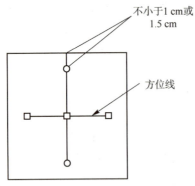

图 3-70　距像片边缘位置要求

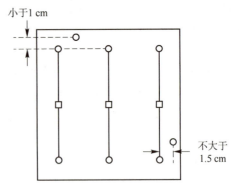

图 3-71　全野外立体测图布点

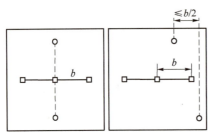

图 3-72　航线两端控制点的布设

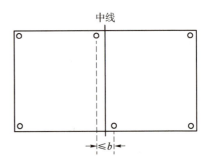

图 3-73　航线中央控制点的布设

　　航线两端的像控点限制在图廓线所在的像对内是为了方便按图幅作业；限制像控点在航线上的分布位置是为了保证航线模型定向和模型变形的改正精度。航线模型变形和像对模型变形的规律一样。因此航线两端四角的像控点要求尽量成矩形分布，航线中央的像控点应有利于控制抛物线弯曲改正。

　　（8）自由图边处的像控点应布设在图廓线以外，这是因为对自由图边必须有更严格的要求，以保证和以后测图的相邻图幅接边时不发生问题。

　　（9）当采用一张中心像片覆盖一幅图的方法作业时，像片控制点距离图廓点、图廓线不大于 1 cm，最大不得大于 1.25 cm（图板上不大于 5 cm）。

　　（10）位于不同布点方案间的像控点，应确保高精度的布点方案能控制其相应面积，并尽量公用，否则应按不同要求分别布点。因为布点方案与成图方法以及地形类别有关，精度要求也不一样，采用此方案才能保证不降低高精度图幅的成图精度要求。一般平坦地区比丘陵地区的布点精度高，丘陵地区比山地的布点精度高。

　　目标条件：

　　（1）像控点应优先选择在影像清晰、可以准确刺点的目标上布设；

　　（2）在线状地物交点、地物拐角明显处布设；

　　（3）在测区范围有等级道路时，尽量选择道路面上的交通指示（如指示方向的箭头、拐弯箭头、斑马线端点处等）；

　　（4）测区内有房屋等高大建筑时，优先选择平顶房房角处，考虑航拍照片上房角点位的阴影情况，准确选择目标房角；

（5）若测区范围内可辨识地物稀少，建议优先选择水渠的分水口、桥、闸、涵等水工建筑物拐角或重点处；

（6）当目标条件与像片条件矛盾时应着重考虑目标条件。

2. 像片控制点测量

1）像控点点位实地判定

像控点点位可根据影像图和实地照片进行判定。若实地照片不能准确判定，可根据明显地物采用距离交会法确定位置；若在较大范围内无明显地物时，可在一排图幅中找出两个能准确判定的图廓点，其他图廓点则根据已准确判定的两图廓点定线，以截距法确定。

（1）实地选点原则：

①符合布点方案及控制点在像片上的各项基本要求。

②符合像控点刺点目标的要求。注意所选的像控点位置必须是实地与像片上都同时存在且容易辨认的特征点。

③考虑相应的联测方法能否顺利实施。

（2）点位要求：

①目标影像清晰易判读。

②点位目标应选在明显地物上，一般可选在交角良好的线状地物交点、明显地物折角顶点、围墙的拐角，弧形地物及阴影等均不应选作点位目标。

③高程控制点的点位目标应选在高程变化不大的地方。控制点与基准面不同平面时，需量注比高，量注至0.1 m；当点位周围不等高时，需标注比高量注的位置，如房屋、陡坎上必须要有比高。

④电杆不宜作平高点，作高程点时要求根部要平，不能有土堆。

⑤平高控制点的点位目标应同时满足平面和高程控制点对点位目标的要求。

⑥在有硬界地物和耕地、道路交叉时首选硬界目标。不在同一平面内的交叉点不允许作刺点目标。

⑦尽量远离河流湖泊等水面，高压电线及塔、变压器等对测量仪器信号有干扰的位置。

2）像控点标志实地布设

像控点标志布置要求：

（1）像控点标志的材料、颜色、形状、大小尺寸可参考相应规范规定执行，在城市和隐蔽地区要注意标志的对空视角，否则会被其他地物遮挡，不能在像片上构像。

（2）标志布置后应及时联测，以免因受到自然或人为的破坏而前功尽弃。

（3）铺设地面标志的要求：地面标志必须在飞机进入摄区前铺设完毕且妥善保护；地面标志的颜色应根据摄区地表景物的光谱特性选定，要确保与其周围地面具有良好的反差。

（4）标志选用的材料及颜色、形状、尺寸。

为满足地面标志经摄影在像片上构像成为理想的刺点目标，还应考虑标志所用的材料及颜色，标志的形状、尺寸等因素。

①选择标志材料时，应考虑其色调、标志的安全、成本和携带方便等因素。在暗色衬景上布设白色标志；在绿色植被上最好采用白色标志，也可采用黄色；在水泥屋顶上、打谷场上、土路上和没有植被的土地上宜采用加黑边的白色标志。

如在水泥地和沥青路面，可采用油漆，一般地面上的标志可采用乳白塑料布。

②标志的形状应根据布设点位所处的环境特性来确定。标志点应布设在像片上容易判读其精确位置的明显目标地物上，常用的像控点形状有对三角形、L形，如图3-74所示。

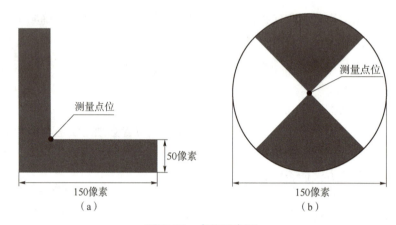

图3-74　点位示意图

（a）L形；（b）对三角形

③影像控制点的目标影像应清晰，选择在易于识别的细小现状地物交点、明显地物拐角点等位置固定且便于量测的地方。条件具备时，可以先制作外业控制点的标志点，一般选择白色（或者红色）油漆画十字形标志，并在航摄飞行之前试飞几张影像，确保十字标志能在倾斜影像上正确辨识。控制点测量完成后，要及时制作控制点点位分布略图、控制点点位信息表，准确描述每个控制点的方位和位置信息，便于内业刺点使用。

实地选点时，也应考虑侧视相机是否会被遮挡。对于弧形地物、阴影、狭窄沟头、水系、高程急剧变化的斜坡、圆山顶、跟地面有明显高差的房角、围墙角等以及航摄后有可能变迁的地方，均不应当作选择目标。

④另外，为防止人为破坏，布设可移动标志时还需考虑尽量远离人为活动频繁区域。

⑤此外，摄影过程中，过曝像片上的控制点标志影响内业刺点精度，如图3-75所示。

图3-75　曝光过度的控制点标志

（a）相片过曝；（b）刺点优良

3) 像控点坐标采集

由于 GPS-RTK 技术具有全天候、高精度、测站间无须通视等诸多优点，已成为像控点测量的最主要方式。RTK 测量分为电台模式和 CORS 模式两种。电台模式下至少需要两台接收机，一台作基准站，另一台作移动站。基准站通过数据链将差分改正信息及自身位置发送给移动站，移动站接收来自基准站的数据，并进行实时解算，从而得到高精度的位置信息。CORS 又称为连续运行参考站，该模式实质是在区域内建立起若干个固定的、连续运行的基准站，用户只需要一台接收机作为移动站即可开始作业，移动站接收来自 CORS 系统的差分数据，实时解算得到其位置信息。

（1）电台模式。

电台模式下需自行架设基准站，为保证基准站与移动站通信的稳定性，基准站应当架设在环境空旷、视野开阔、地势较高的地方，避免架设在高压输变电、无线电通信设备等影响基准站无线电信号发射与移动站信号接收的区域。

基准站架设主要是将接收机、蓄电池、电台、天线等硬件进行连接，而后进行基准站设置，包括基准站数据链、电台通道、电台频率等内容。

（2）网络模式。

网络模式下无须架设基准站，只需对移动站进行简单设置。设置内容包括移动站功能模块、通信协议、IP 地址、端口、接入点、用户名及密码。近年来，CORS 技术不断发展，覆盖范围越来越广，信号传输稳定性不断增强，定位精度越来越高，所以该工作模式在像控点测量中得到广泛应用。

网络 RTK 一测回观测应符合下列要求：①对仪器进行初始化；②数据采样率一般设为 1 s，模糊度置信度应设为 99.9% 以上；③每测回观测控制手簿设置，控制点的平面收敛精度应 ≤±3 cm，高程收敛精度应 ≤±5 cm；④观测值应在得到网络 RTK 固定解，且收敛稳定后开始记录；⑤经、纬度取位到 0.000 1″，平面坐标和高程记录到 0.001 m；⑥网络 RTK 控制点测量测回间应断开再重新连接 HBCORS 网络进行测量；⑦控制点平面和高程成果应在限差之内取各测回结果的平均值；⑧当初始化时间超过 3 min 仍不能获得固定解时，宜断开通信链路，重启接收机，再次进行初始化操作。此外，还可以提高卫星高度截止角，或增加仪器的高度、或选择不同的多路径效应消除模式进行测量，重试次数超过三次仍不能获得初始化时，应取消本次测量，对现场观测环境和通信链接进行分析，选择观测和通信条件较好的其他位置重新进行测量；⑨网络 RTK 观测时距接收机 10 m 范围内禁止使用对讲机、手机等电磁发射设备。遇雷雨应关机停测，并卸下天线以防雷击。

4) 刺点片制作

（1）像片刺点。

像片刺点应满足以下要求：

①刺点时应在相邻像片中选取影像最清晰的一张像片用于刺点，刺孔直径不得大于 0.1 mm，并要刺透。刺偏时应换片重刺，不允许有双孔。

②平面控制点和平高控制点的刺点误差，不得大于像片上 0.1 mm，高程控制点也应准确刺出。

③同一控制点只能在一张像片上有刺孔，不能在多张像片上有刺孔，以免造成错判。

④国家等级三角点、水准点、埋石的高级地形控制点，应在控制像片上按平面控制点的刺点精度刺出；当不能准确刺出时，水准点可按测定碎部点的方法刺出，三角点、埋石点在像片正、反面的相应位置上用虚线表示，并说明点位置和绘制点位略图。

（2）刺点片整饰。

①刺点片反面整饰。

像片的反面整饰是按一定要求在像片反面书写刺点说明，并简明绘出刺点略图，标明控制点的位置和点名、点号。像控点背面整饰格式如图 3-76 所示，图中圆圈代表平面点、平高点或高程点，并分别以 P、N、G 编写其点号；三角形代表三角点，虚线的三角形代表不能准确刺出的三角点。点位略图用黑色铅笔依影像灰度描绘。

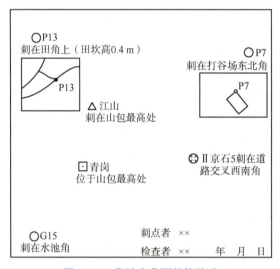

图 3-76　像控点背面整饰格式

②刺点片正面整饰。

为方便内业对像片控制点的应用，凡是提供给内业使用的像片控制点、高级地形控制点（包括 GPS 点和导线点）均需在像片正面进行整饰。

整饰方法和要求：①图号为黑色。②凡已准确刺出的三角点、GPS 点、小三角点（5″导线点）均用红色墨水，以其相应图式符号将其边长放大至 7 mm 进行整饰。已刺出的水准点、等外水准点、高程点用红色墨水以直径为 7 mm 的圆圈（水准点中间加"×"符号）整饰。凡不能准确刺出的点，将其相应符号改为虚线。③转刺相邻图幅的公用控制点，其整饰方法同上，但需在控制点点号后加注邻幅的图幅编号。④本图幅内航线间公用控制点，只在相邻的航线主片上，以相应符号和颜色用特种铅笔转标，并注明刺点像片号。⑤点名、点号及高程注记要求字体正规，用红色墨水以分数形式注出，分子为点名、点号，分母为高程，平面点只注点号。⑥像片上如有图廓线通过，应用红色墨水绘出。像片的右下角应有整饰者签名。

像片正面整饰应注意，控制点符号应以刺孔为中心，使用小圈圆规时要在刺孔上垫一小块透明胶片，以免圆规针尖将控制点刺成双孔或将孔扩大，破坏刺点精度。

像控点面整饰格式如图 3-77 所示。

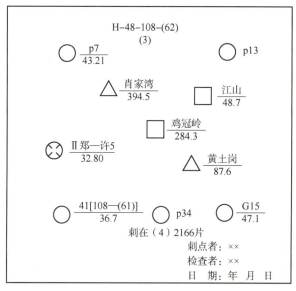

图 3-77 像控点面整饰格式

5） 现场照片采集

像控点测量时，对观测时进行至少四次拍照，分别为一张近照、三张远照。近照要求摄清天线摆放位置及对中位置或者是杆尖落地处，一张不够描述，可拍摄多张；远照的目的是反映刺点处与周边特征地物的相对位置关系，便于空三加密内业人员刺点。周边重要地物有：房屋、道路、花圃、沟渠等。为描述清楚，远照可摄多张，如图 3-78 所示。

SQ4001 (1).jpg　　SQ4001 (2).jpg　　SQ4001 (3).jpg

图 3-78 像控点实地照片

3. 内置电台模式进行像控点采集步骤

根据设备硬件配备不同，常规的基准站+流动站作业模式有三种：内置电台模式、外挂电台模式和 GPRS 网络模式。其特点是作业方式灵活，基准站既可以架设在已知点，也可以架设在未知点。下面结合中海达公司生产的接收机 iRTK2 对内置电台作业模式进行详细介绍。

1） 设备

三脚架 1 个，基座 1 个，iRTK2 GPS 2 台，Andriod 系统 RTK 手簿 1 个，测量杆 1 个，长天线 1 根。

2）基准站设置

（1）基准站模式设置。

单击 1 台 GPS 主机开关键启动 GPS，双击开关键进行工作模式切换（注：每双击一次，切换一个模式），直到语音提示"工作模式为 UHF 基准站"。

（2）手簿与基准站连接。

①打开手簿，单击 Hi-Survey Road 图标，启动 RTK 测量界面。手簿界面如图 3-79 所示。与手机界面相似，图中的九宫格菜单，每个菜单都对应一个功能，界面简洁直观、操作简单。

②将手簿与主机 NFC 识别触碰，听到"咚"的一声后，手簿中出现蓝牙连接进度条，并提示已连接，如图 3-80 所示。也可手动输入配对密码，蓝牙配对成功后即可连接接收机。

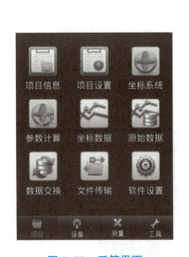

图 3-79 手簿界面

手簿NFC与主机
NFC标识触碰

图 3-80 触碰连接

（3）基准站位置及数据链设置。

①设定基准站的坐标为 WGS-84 坐标系下的经纬度坐标。一般在基准站可以通过"平滑"进行采集，获得一个相对准确的 WGS-84 坐标进行设站（注：任意位置设站，不意味着任意输入坐标，务必进行平滑多次后进行设站，平滑次数越多，可靠度也越高）。如果基准站架设在已知点上，也可以通过输入已知点的当地平面坐标，或通过单击右端"点库"按钮从点库中获取，如图 3-81 所示。

②基准站使用内置电台功能，只需设置数据链为内置电台、设置频道与功率；进入"高级"界面可获取最优频道；功率有高、中、低三个选项，如图 3-82 所示。

3）移动站设置

设置移动站主要设定移动站的工作参数，包括移动站数据链等，移动站的设置与基准站设置的类似，只是输入的信息不同。

移动站使用内置电台，只需设置数据链为内置电台，修改电台频道，在移动站模式下搜索最优频道必须确保基准站关闭电台发射，以免影响搜索结果。电台频道必须和基准站一致。

图 3-81 基准站位置

图 3-82 基准站数据

断开基准站 GPS，启动另 1 台 GPS 将其工作模式设置为"移动站"模式。连接移动站 GPS，进入移动站设置，数据链选择"内置电台"，频道与基准站频道必须相同。

其他差分模式选 RTK，电文格式选 RTCM（3.0），高度截止角选择 15°，最后单击设置（单击设置成功 OK），如图 3-83 所示。

注意：单击天线高按钮可设置天线类型、天线高（一般情况下量天线高为斜高，强制对中时可能用到垂直高，千万不要忘记输入）。

4）新建项目

在主界面上单击【项目】→【新建】→【输入项目名】→右

图 3-83 其他差分模式设置

下角【√】，单击左上角【项目信息】→【坐标系统】→【椭球】（源椭球为 WGS-84，当地椭球根据测区要求选择北京 54、国家 80 或国家 2000）→【投影】→【投影方法】（根据测区要求情况选择)→【中央子午线】（输入正确的中央子午线)，【椭球转换】【平面转换】【高程拟合】都改为无，单击【保存】→【OK】→【OK】→【×】。项目信息、系统信息输入对应操作如图 3-84、图 3-85 所示。

5）参数计算

参数坐标系统→参数计算→计算类型→添加源坐标（一般直接采集）→输入目标坐标，重复操作第二个点→计算→应用→保存即可。参数计算界面如图 3-86、图 3-87 所示。

计算类型："七参数""三参数""四参数+高程拟合""四参数""高程拟合"。

三参数：方法简化，只取 X，Y，Z 平移，运用于信标、SBAS 固定差改正以及精度要求不高的地方。用于 RTK 模式下，其作用距离最好小于 3 km 范围且较平坦的地方（基准站开机的模式)，要求至少有一个已知点坐标。

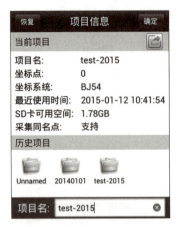

图 3-84　项目

图 3-85　系统设置

图 3-86　参数计算界

图 3-87　添加参数

四参数+高程拟合：X，Y，Z 平移，尺度因子 K，也是 RTK 坐标转换常用的一种模式。通过四参数完成 WGS84 平面到当地平面的转化，利用高程拟合完成 WGS84 椭球高到当地水准的拟合。至少要有两个已知点坐标，作用范围限制在小测区使用。

七参数：平移 α_X、α_Y、α_Z，旋转 ω_X、ω_Y、ω_Z，尺度因子 K，适用范围较大和距离较远的 RTK 模式或 RTD 模式 WGS-84 到北京 54 或者国家 80 的转化，至少要有三个已知点坐标。

添加：添加坐标点信息，包括点名、点坐标、点描述。点坐标可以来源于点选、图选及设备实时采集。

对于四参考计算结果，缩放值越接近 1 越好，一般要有 0.999 或者 1.000 以上才是合格的。旋转要看已知点的坐标系，如果是标准的 54 或者 80 点，则旋转一般只会在几秒内，超过了就是不理想了。如果已知点是任意坐标系，旋转没有参考意义，平面残差小于 0.02，高程残差小于 0.03 基本就可以了。计算结果合格后，单击"运用"，启用这个结果，画面跳入坐标系统界面，我们可以查看一下，之前都为"无"的"平面转换"和"高程拟合"是否已启用。

6) 坐标测量

单击测量页主菜单上的【碎部测量】按钮，可进入"碎部测量"界面，这时就可以测量点的坐标了。文本界面和图形界面可通过【文本】/【图形】按钮切换，如图 3-88 所示。

7) 数据导出

单击【项目】里的数据交换，单击下方的文件名框输入文件名，选择【数据类型】。进入数据格式设置界面后选择相应的数据格式，单击"确定"，数据导出成功，如图 3-89 所示。原始数据导出格式有：自定义（*.txt）、自定义（*.csv）、AutoCAD（*.dxf）、SHP文件（*.shp）、Excel 文件（*.csv）、开思 Scsg2000（*.dat）、南方 Cass7.0（*.dat）、PREGEO（*.dat）等。

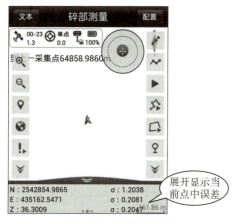

图 3-88　坐标测量界

图 3-89　数据导出界面

【自主学习任务单】

自测 1. 像控点布设方案

1. 学习任务

利用 ArcGIS 软件对快拼的影像进行纠正，在纠正完的影像上选取像控点，再利用 Photoshop 软件依据像控点点位布设要求进行点位调整，最终得到符合规范要求的像控点布设成果

任务	自测标准		学习建议
1）资料准备	☐	快拼影像	POS 格式为照片名、经度（X 坐标）、纬度（Y 坐标）、高程（H）。要求第一列照片名和影像的命名一一对应，整理好的 POS 数据格式为 TXT 或 CSV
	☐	POS 数据（为对应的影像提供曝光时的相机位置坐标和姿态）	

续表

任务	自测标准		学习建议
2）快拼影像纠正	☐	加载数据	（1）双击"ArcGIS"软件，进入主界面。 （2）加载快拼影像，加载 POS 数据。 （3）在 ArcGIS 软件菜单栏下，右击选择"地理配准"命令。
	☐	地理配准	（4）选择同名点，分别采集坐标，共选测区四周的4组同名点，如图 3-2 所示。 （5）在"地理配准"工具中添加选取的同名点坐标，实现影像坐标正
3）创建 shp 图层	☐	创建 shp 图层	在 ArcGIS 软件"arccatalog（目录）"下，建立像控点、检查点 shp 图层（面图层）
4）像控点点位布设	☐	点位布设	（1）选中新建的 shp 层，右击选择"编辑要素"，选择"开始编辑"； （2）按照像控点点位选择规则，在目标点位处用圆形圈出目标点位； （3）将每个点位涉及的原始像片加载到 Photoshop 软件中，依据像控点点位布设要求，调整到最佳位置
	☐	点位调整	
5）像控点命名	☐	像控点命名	对布设好的像控点进行命名： （1）像控点编号为：地名+测区区号+点编号； （2）检查点编号为：J 地名+测区区号+点编号
6）刺点片制作	☐	刺点片制作	（1）依据选择的像控点及检查点点位，在原始像片中挑选刺点片； （2）将挑选的原始像片加载到 Photoshop 软件中，利用 Photoshop 软件在像片上标注像控点、检查点点号、点位及刺点片片号（刺点片片号为原始像片的编号）
7）制作测量路线图	☐	标注像控点、检测点、POS 点点号	将像控点、检测点点位套合正射影像图制作测量路线图。 （1）右击新建的 shp 层，选择"属性"在图层属性界面选择"标注"→"字段"分部标注像控点、检测点、POS 点点号并设置字体大小； （2）在 ArcGIS 软件中单击"文件"选择"页面和打印"，设置纸张大小、宽度、高度； （3）在 ArcGIS 软件中单击"文件"选择"导出地图"
	☐	设置图纸尺寸	
	☐	导出地图	

2. 学习笔记
（1）像控点布设完成后为什么要对点位进行调整？
（2）为什么要对快拼的影像进行纠正？
（3）布设像控点时为什么要布设检测点？

自测 2. 像控点采集

1. 学习任务

通过内业选择定的像控点在实地选定符合要求的点位，在刺点片上进行刺点、采集坐标，拍摄照片、刺点片整式，最终得到符合规范要求的像控点成果

任务	自测标准		学习建议
1）资料准备	☐	内业像控点布设数据	（1）路线图、刺点片照片； （2）坐标系：2000 国家大地坐标系，按高斯–克吕格 3 度分带投影； （3）GPS-RTK、警示服、刺针、电脑等
	☐	坐标系	
	☐	仪器设备	
2）路线规划	☐	路线规划	根据内业提供的路线图、刺点片，及手机上的地图软件、影像规划像控点测量的路线

续表

任务	自测标准		学习建议
3）点位选择及刺点	☐	点位选择	（1）根据路线图置、刺点片照片结合实地情况，依据像控点实地选点原则选择像控点的位置； （2）利用刺针把目标准确地刺在像片上，刺孔要小而透，针孔直径不大于0.1 mm，在刺点的过程中，要掌握好刺点的力度，在刺点结束后由另外一人做检查，检查刺点位置是否正确
	☐	刺点	
4）像控点测量	☐	仪器设置	（1）打开RTK进去测量软件，新建项目； （2）设置坐标系：椭球参数选择国家2000，投影方式选择高斯投影，中央子午线输入测区所在地的中央子午线，输入相关水平参数和高程参数； （3）通信设置：单击通信设置，进入蓝牙连接界面，选取与机头一致的名称单击连接； （4）数据链设置：单击数据链设置，选择移动站，数据链模式选择网络，输入CORS账号、密码、端口、接入点、IP地址等，单击连接，当仪器处于固定解时可进入测量
	☐	像控点坐标采集	（1）将对中杆杆尖精确地放于实地选中的像控点位置上，调整对中杆使仪器气泡居中； （2）单击测量模式，选择控制点测量，仪器会对同一个点进行多次测量，自动求取平均值，得到一组数据，在此过程中，要保证对中杆水准气泡一直居中； （3）在采集结束后要输入像控点点名及仪器天线高（量取高度为对中杆的高度）； （4）重复以上步骤三次，得到三组数据，分别以"像控点名-1""像控点名-2""像控点名-3"命名； （5）三次数据采集完成，单击查看数据，其平面坐标分量较差不超过3 cm，垂直坐标分量较差不超过5 cm时，如超限则删除重新测量
5）刺点片整饰	☐	正面整饰	在像片正面以之前刺的针孔为圆心用红色圆珠笔画7 mm的圆，在圆旁边以分式的形式标注出点号和高程，其中分子为点名、点号，分母为高程
	☐	反面整饰	在像片反面以针孔为圆心用黑色圆珠笔画3 mm的圆，并画2.5 cm×2.5 cm的正方形，在正方形内简明地绘制出刺点略图，并写出刺点说明、刺点人、检查人及日期

任务	自测标准		学习建议
6）现场照片采集	□	近照采集	像控点坐标测量完，保持 RTK 在原位置不动采集实地照片，拍摄一张近照，要能保证看清对中杆尖落地的位置
	□	近照采集	在不同方向的拍摄三张远景照片，要能反映所选的像控点与周边特征地物的相对位置关系
7）坐标导出	□	测量数据导出	（1）单击"项目"→"数据文件导出"进入导出文件，选择要导出的数据文件即工程名称，选择文件格式为 Cass 格式； 　　（2）单击"项目"→"数据文件导出"进入导出文件，选择要导出的数据文件即工程名称，选择文件格式为原始测量数据格式的数据（CSV 格式）
8）成果整理	□	实地照片整理	每一个像控点按像控点点号建立文件夹，像控点实地照片用像控点点号命名分别为"像控点名-1""像控点名-2""像控点名-3"
	□	测量数据处理	将文件格式为 DAT 的文件用 Excel 打开，选择所有文件，分隔符选择逗号，然后单击两次"完成"，对求取平均值，平均值保留三位小数，最后制作像控点成果表，原始测量数据不做任何修改，作为对像控点成果的检查

2. 学习笔记

（1）简述刺点片整理的要求？

（2）简述像控点点位选择及刺点的要求？

【任务评价】

序号	评价项目	评价内容	分值	学员互评（40%）	教师评价（60%）
1	专业能力（70分）	能够说出像控点的布设原则	5		
2		能够说出像控点、像控片、外业联测的定义	5		
3		正确选用测量工具	5		
4		正确查询和使用参考资料	5		
5		正确进行像控点布设	10		
6		正确完成准备工作	5		
7		正确完成野外控制点测量	15		
8		清点、检查、维护工具清扫和整理	5		
9		正确按照要求整理提交像控点成果	15		
10	职业素养（30分）	严格遵守操作规程，严禁违规作业	5		
11		责任意识，工作态度端正	5		
12		团队合作意识，互相协作良好	5		
13		航空从业人员的安全作风	5		
14		扎实严谨工作作风	5		
15		精益求精的工匠精神	5		
	得分		100		
姓名：		学号：	总得分：		评价人：

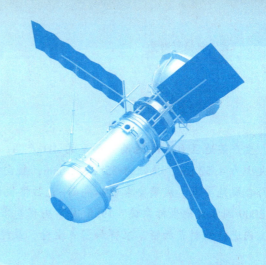

工作任务 4　无人机空中三角测量

任务描述

　　根据某指导区域的影像数据及野外控制点成果，利用 DPGrid 软件，在室内进行控制点加密，求得加密点坐标，最终得到符合规范要求的空三加密成果。

学习目标

1. 知识目标

（1）了解摄影测量常用的坐标系；

（2）了解单张航摄像片内方位元素与外方位元素的概念；

（3）了解航摄像对、特征点与同名点、相对定向元素与绝对定向元素的概念。

新建工程及空三制作

2. 能力目标

（1）能够说出摄影测量常用的坐标系；

（2）能够说出单张航摄像片内方位元素与外方位元素的定义；

（3）能够说出航摄像对、特征点与同名点、相对定向元素与绝对定向元素的定义；

（4）能够利用野外控制点，在室内进行控制点加密，求得加密点坐标，最终得到符合规范要求的空三加密成果。

3. 素质目标

（1）培养对照学材自主学习的能力；

（2）培养人文素养、科学素养、职业道德和精益求精的工匠精神；

（3）培养学生的积极性、主动性、创造性；

（4）培养严格执行规范，保证成果质量，爱护仪器设备的精神。

任务分析

生产某地区 0.2 m 地面分辨率的 4D 产品。航摄采用数码航摄仪进行数学航空摄影，像元大小为 4.52 μm，焦距为 35.237 5 mm，航向重叠度优于 60%，旁向重叠度优于 30%，质量符合规范要求。成果要求选择高斯-克吕格投影，采用标准 3 度分带平面直角坐标系，采用 2000 国家大地坐标系统，1985 国家高程基准。现阶段主要讲解利用少量的野外控制点，在室内进行控制点加密，求得加密点坐标，最终得到符合规范要求的空三加密成果。

 任务实施

4.1 解析空中三角测量

 训练设备

（1）装有 DoubleGrid 软件的计算机一台（独立显卡）。
（2）相关数据包。

 训练方法

配合教材和多媒体资源，完成自主学习。

 实施步骤

利用 DoubleGrid 软件进行空中三角测量流程，如图 4-1 所示。

1. 资料准备

（1）航摄像片。
（2）相机文件。
通过相机检校报告获得焦距、传感器尺寸、像元大小、像幅等。
（3）POS 数据（为对应的影像提供曝光时的相机位置坐标和姿态）。
制作 POS 数据：单击"新建 EXCLE 工作表"→"文件"→"打开"外业提交的数据 POS.csv，删除地面试拍数据，点号与影像名一一对应，整理 POS 数据，如图 4-2 所示。

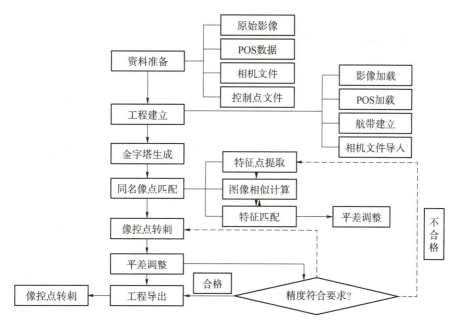

图 4-1 空三加密流程图

DSC00004.JPG	104.0121495	33.1823245	2089.021
DSC00005.JPG	104.0121604	33.1814903	2087.978
DSC00006.JPG	104.0121918	33.1806357	2088.191
DSC00007.JPG	104.0122128	33.1799792	2087.9
DSC00008.JPG	104.0122339	33.1789257	2090.727
DSC00009.JPG	104.0122552	33.1780468	2089.816
DSC00010.JPG	104.0122701	33.1772071	2090.251
DSC00011.JPG	104.0122856	33.1763377	2089.831
DSC00012.JPG	104.0123113	33.175476	2089.233
DSC00013.JPG	104.0123312	33.1746563	2089.478
DSC00014.JPG	104.0102388	33.173732	2090.501
DSC00015.JPG	104.0102477	33.1746306	2090.186
DSC00016.JPG	104.0102328	33.1754993	2091.017
DSC00017.JPG	104.0102188	33.1763128	2090.414
DSC00018.JPG	104.0101966	33.1772175	2090.234
DSC00019.JPG	104.0101732	33.178026	2090.204

图 4-2 整理后的 POS 数据

2. 新建工程

（1）双击"DPGrid"软件，进入主界面，如图 4-3 所示。

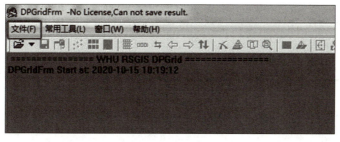

图 4-3 主界面

（2）左键单击"文件"→"新建"，如图4-4所示。

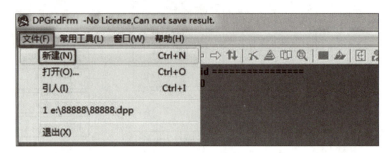

图4-4　新建工程窗口

（3）左键单击工程路径后的"浏览"，选择路径（例如：D盘），单击"新建文件夹"，按要求命名文件（注意：不能是中文、空格等特殊符号），单击"确定"，如图4-5所示。

图4-5　工程建立

（4）添加数据。

①左键单击Image Name下的"添加影像"，弹出"Select Images"界面，选择航飞获取的原始影像文件夹，将影像数据全部选中，左键单击"打开"，如图4-6所示。

②加载POS数据，当POS文件是经纬度坐标时，创建工程后，每张影像的外方位元素坐标会转换为直角坐标选择POS文件，左键单击"打开"，如图4-7所示。

③左键单击与POS对应方式后的"投影坐标系"，弹出"椭球坐标系统设置"界面，根据提供的控制点坐标系信息，设置"椭球信息""投影系统""中央经线"，左键单击"确定"，如图4-8所示。

图 4-6　添加影像

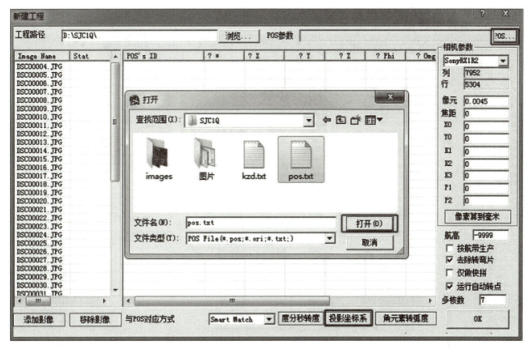

图 4-7　加载 POS 数据

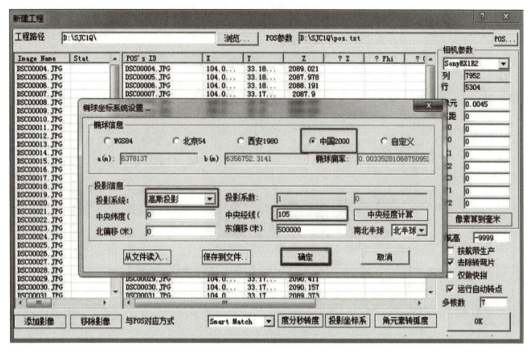

图 4-8　投影坐标系

（5）参数设置。

在新建工程界面，按照相机报告输入像元、焦距、航高以及相关参数，将新建工程界面右下角航高改为实际航飞高度，勾选"去除转弯片"→"OK"，开始处理，如图 4-9 所示。

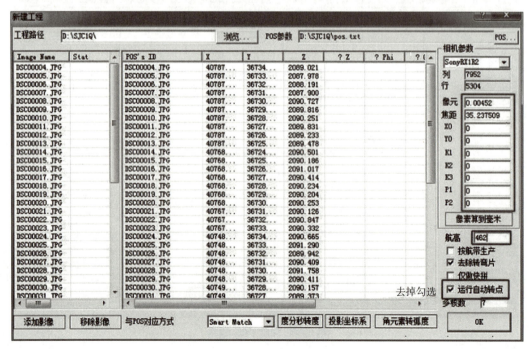

图 4-9　参数设置

（6）金字塔生成。

在运行的过程中，将建立测区工程，生成金字塔、航线、相机参数信息等，如图 4-10 所示。

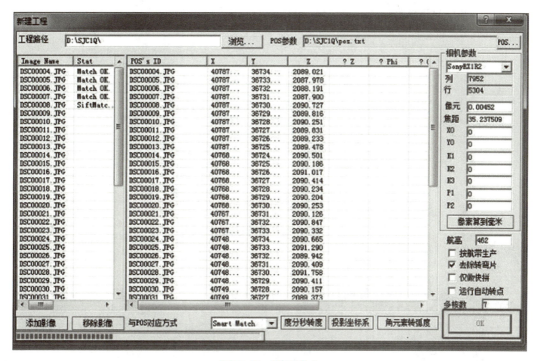

图 4-10 测区建立

3. 匹配同名像点

（1）左键单击菜单栏中的"定向生产"→"空中三角测量"→"匹配连接点"（或鼠标左键单击工具栏中的"匹配连接点"），如图 4-11 所示。

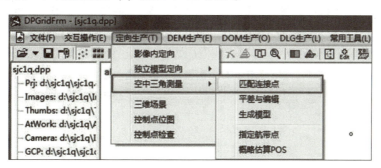

图 4-11 匹配连接点

（2）进入 Extract TiePoints 界面，在此界面中勾选"粗略匹配""精细匹配""自动平差"，其他保持默认，左键单击"确认"，将执行连点，如图 4-12 所示。

（3）运行完成后自动退出界面，弹出测区自由网创建界面，如图 4-13 所示。

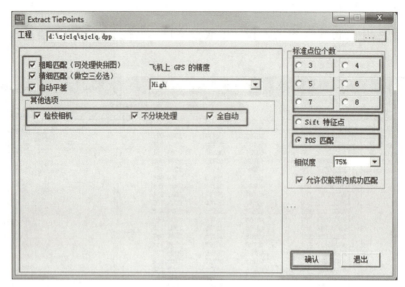

图 4-12　执行连点

图 4-13　测区自由网创建

此时查看连接点分布情况，如图 4-14 所示。

4. 像控点转刺

1）像控点导入

（1）制作像控点文件。

ID 编号只支持数字，整理并制作像控点文件，其格式如图 4-15 所示。

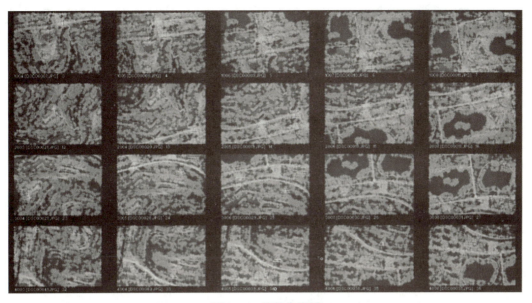

图 4-14　连接点查看

1005	407195.155	3672945.653	1638.278
1001	407129.335	3673283.172	1633.317
10010	407412.259	3678548.001	1633.279
10011	407655.579	3672542.329	1640.424
10012	407847.528	3672576.098	1638.921
1002	407360.419	3673281.067	1645.123
1003	407557.301	3673322.709	1675.735
1004	407798.908	3673331.941	1684.937
1006	407358.512	3672931.392	1654.248
1007	407641.100	3672902.295	1642.248
1008	407848.593	3672949.105	1640.135
1009	407146.344	3672529.332	1630.185

图 4-15　控制点格式

（2）导入像控点文件。

①左键单击"文件"→"地面控制点"，如图 4-16 所示。

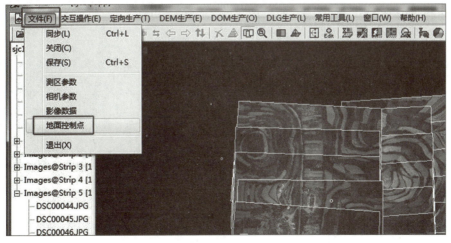

图 4-16　导入地面控制点

②弹出地面控制点参数窗口，左键单击"引入"，选择提供的控制点文件，单击"打开"，左键单击"保存"，如图 4-17 所示。

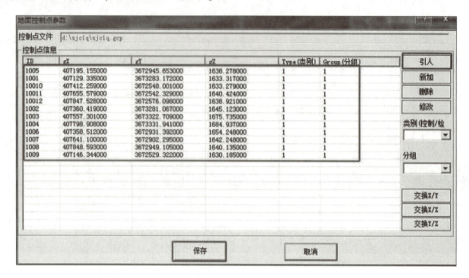

图 4-17　地面控制点参数

③进入如图 4-18 所示界面，可查看控制点的分布情况。

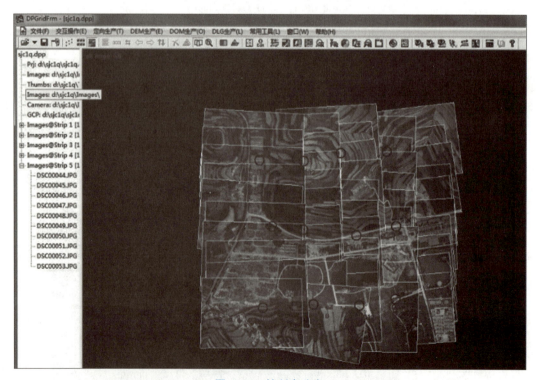

图 4-18　控制点分布

2）像控点转刺

（1）像控点点位必须按如图 4-19 所示像控点点位图及像控点实地照片准确刺入。

图 4-19　像控点点位图

（2）左键单击菜单栏中的"定向生产"→"空中三角测量"→"平差与编辑"（或鼠标左键单击工具栏中的"平差与编辑"），如图 4-20 所示。

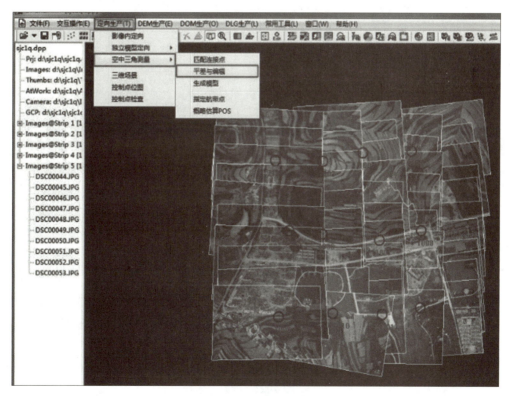

图 4-20　平差与编辑

（3）进入 TMAtEdit 界面，左键单击工具栏中的"匹配加连接点"，如图 4-21 所示。

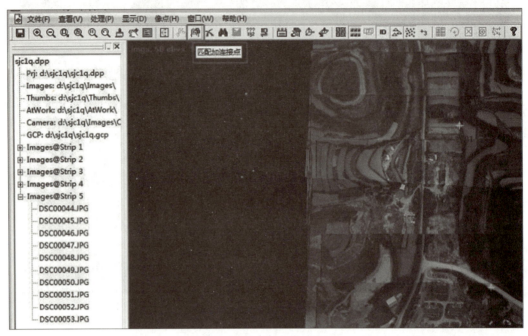

图 4-21　匹配加连接点

（4）根据提供的控制点信息，在图上用鼠标左键双击控制点附近位置，弹出精调界面，若不可见控制点点位，可用鼠标左键单击菜单中的像点，选择点位再选择（或鼠标左键单击工具栏中的点位再选择）；精细调整控制点点位，确认控制点点号无误，单击"保存"，如图 4-22~图 4-24 所示。

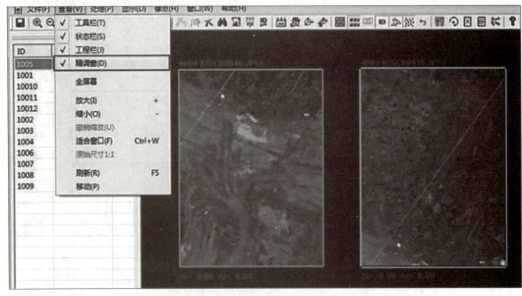

图 4-22　刺点

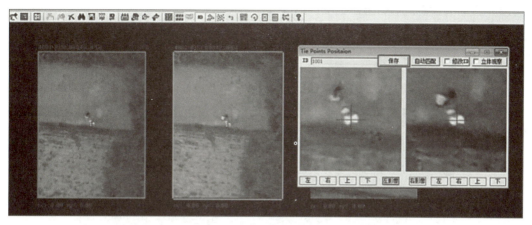

图 4-23　调用精调窗口

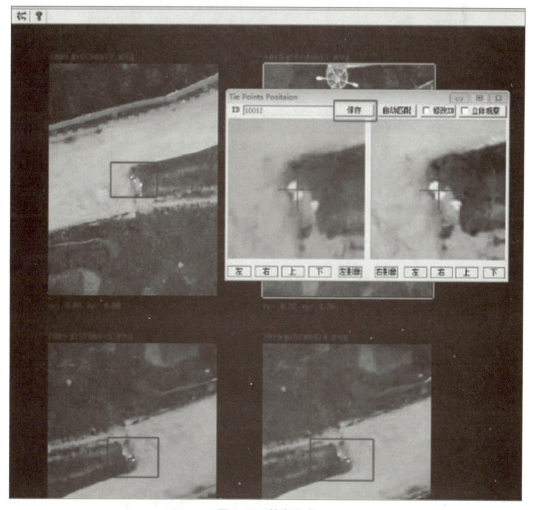

图 4-24　转点完成

（5）转刺完控制点后，显示情况如图 4-25 所示。

图 4-25　像控点显示

5. 区域网平差

（1）左键单击菜单栏中的"处理"→"平差方式"→"平差软件 iBundle"，如图 4-26 所示。

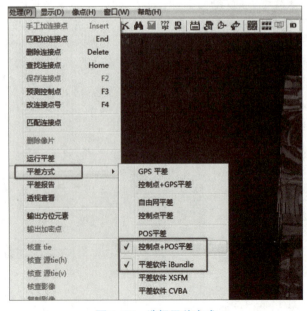

图 4-26　选择平差方式

（2）左键单击"处理"→"运行平差"（或鼠标左键单击工具栏中的"运行平差"），弹出 Adjust Frame Camera V2.0 界面，如图 4-27 所示。

图 4-27 调用平差界面

（3）左键单击"设置"，弹出 Bundle Adjustment Setup 界面，如图 4-28 所示。

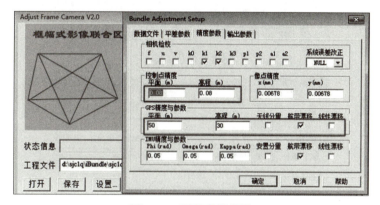

图 4-28 平差参数设置

（4）修改控制点精度、GPS 精度，勾选天线分量、航带漂移、线性漂移，其他保持默认，左键单击"确定"，如图 4-29 所示。

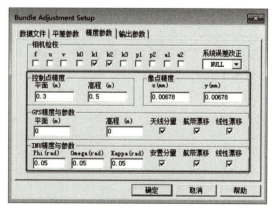

图 4-29 修改参数

（5）左键单击"平差"按钮，开始运行平差，如图4-30所示。

图4-30　运行平差

（6）平差运行完成后单击"退出"，平差结束，如图4-31所示。

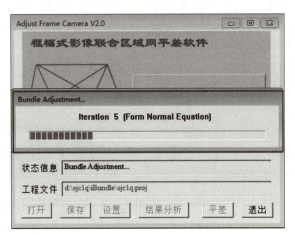

图4-31　平差完成退出

（7）平差报告查看。

左键单击"处理"→"平差报告"，弹出界面如图4-32所示。若控制点精度超限，可重新调整或添加。

对照《数字航空摄影测量 空中三角测量规范》和《1∶500、1∶1 000、1∶2 000 地形图航空摄影测量内业规范》（GB/T 7930—2008）等，检查平差解算结果是否符合要求。

（8）另存精度报告。

确认无误后另存该报告，并命名为 ks. txt，如图4-33、图4-34所示。

6. 输出方位元素

左键单击"处理"→"输出方位元素"（或左键单击工具栏中的"输出方位元素"）→"是"，弹出"成功导出平差成果"，单击"确定"，关闭 TMAtEdit 界面，如图4-35所示。

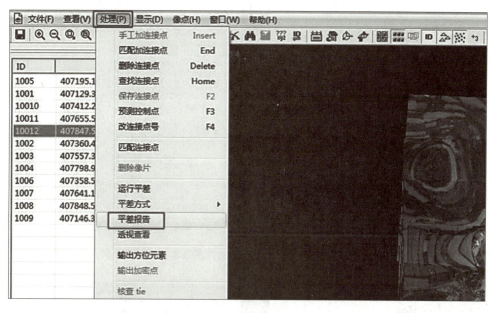

图 4-32　平差报告查看

图 4-33　另存报告

无人机摄影测量

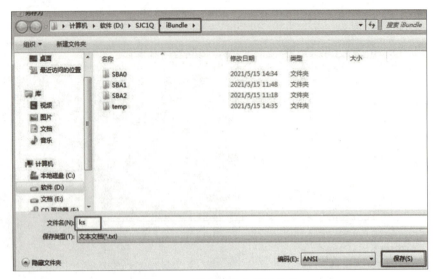

图 4-34　平差报告文件重命名

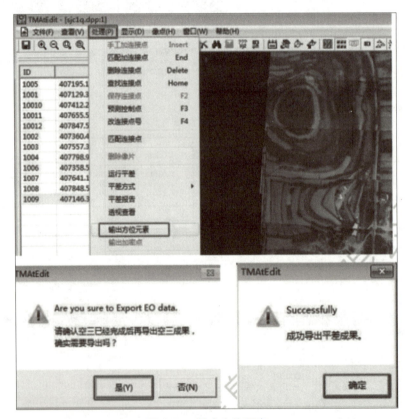

图 4-35　输出方位元素

7. 新建模型

左键单击"定向生产"→"空中三角测量"→"生成模型",如图 4-36 所示。

124

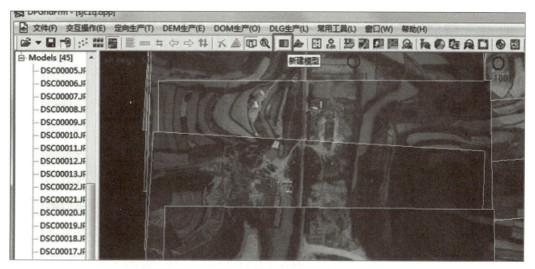

图 4-36　新建模型

弹出"立体模型参数"界面如图 4-37 所示，左键勾选"航带优先"→"自动产生"→"确认"，生成模型。

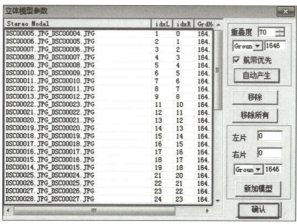

图 4-37　生成模型

8. 空三精度检测

(1) 单击"常用工具"→"控制点检查"，如图 4-38 所示。

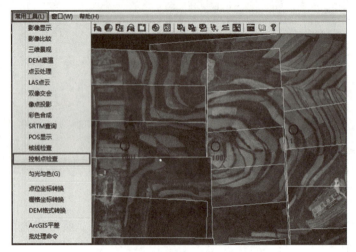

图 4-38　控制点检查

(2) 单击"文件"→"新建"，如图 4-39 所示。

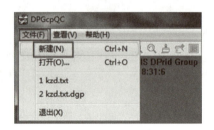

图 4-39　新建文件

(3) 单击"打开"选择检查点文件，单击"打开"，如图 4-40 所示。

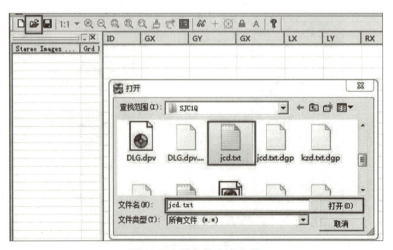

图 4-40　导入检查点文件

（4）左侧空白处右键单击"测区"选择空三工程，单击"打开"，如图 4-41 所示。

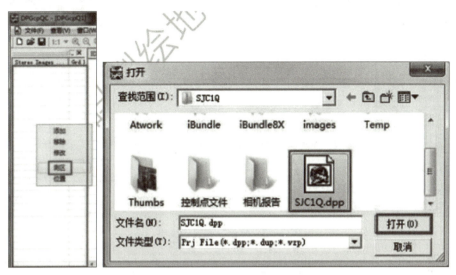

图 4-41　空三工程读入

（5）立体像对和检查点导入完成后，双击检查点打开相对应的像对，开始进行精度检测，以此检测完所有检查点，如图 4-42 所示。

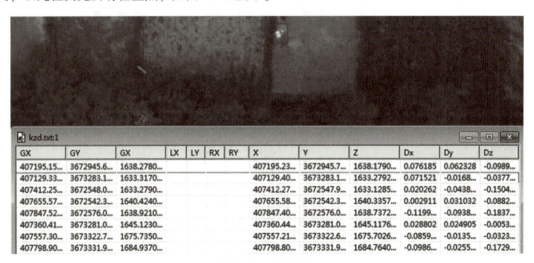

图 4-42　坐标采集

（6）采集完所有检查点时，单击"另存为"输入文件名，单击"保存"，输出精度检测报告，如图 4-43 所示。

（7）查看精度检测报告，如图 4-44 所示。

根据 GB/T 24356—2023《测绘成果质量检查与验收》中的规范要求，计算平面中误差、高程中误差，并按照要求判定空三成果精度。

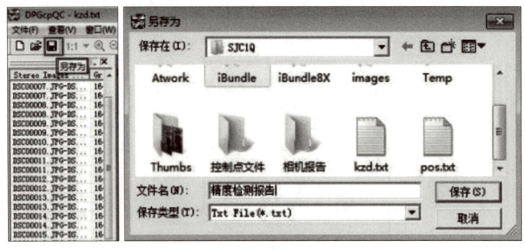

图 4-43　精度检测报告输出

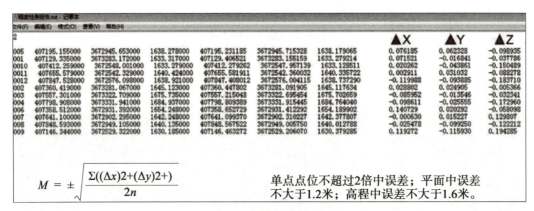

$$M = \pm\sqrt{\frac{\Sigma((\Delta x)2+(\Delta y)2+)}{2n}}$$

单点点位不超过2倍中误差；平面中误差不大于1.2米；高程中误差不大于1.6米。

图 4-44　精度报告分析

9. 成果整理

（1）空三加密成果精度要符合数字航空摄影测量、空中三角测量相关规程规范及国家标准的要求。

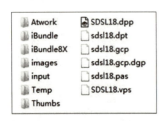

图 4-45　成果整理

（2）数据整理。

主要内容包括：

①images 文件夹中存放航摄像片；

②input 文件夹中存放 POS 数据及控制点成果文件；

③相关缓存文件和工程文件如图 4-45 所示。

10. 考核成果提交

1）空三加密成果或空三工程成果命名

学校简称大写首字母+座位号，比如武汉电力职业技术学院，空三加密成果命名：WHDL01。

2）成果文件夹命名

创建成果文件夹，命名为"身份证号码+YXSJCL（影像数据处理）"，如"642301198711202459YXSJCL"。

具体示例如图4-46所示：

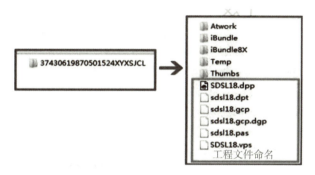

图4-46 成果提交命名

 **注意事项**

（1）实训前要复习课本上有关内容，了解实训的内容及要求。

（2）严格遵守机房及实训室的使用规定。

（3）在使用过程中必须倍加爱护。除了在思想上重视外，在工作过程中还要采取有效措施，以确保实训设备、设施正常工作，杜绝损坏实训设备、设施的事故发生。

（4）每人必须独立进行实训，按要求提交成果。

 **思考题**

（1）摄影测量常用的坐标系有哪些？

（2）名字解释：

内方位元素与外方位元素、航摄像对、特征点与同名点、相对定向元素与绝对定向元素。

（3）利用DoubleGrid软件进行空中三角测量流程是怎样的？

【工作依据】 解析空中三角测量

1. 解析空中三角测量相关理论基础

1) 摄影测量常用坐标系

为了用数学的方法建立物、像之间的关系，必须在像方空间与物方空间之间建立一些必要的坐标系统。

（1）像平面坐标系。

在像平面上用以表示像点位置的坐标系叫作像平面坐标系，是一个右手直角坐标系。在摄影测量中称摄影仪镜头的后节点（像方节点）为投影中心，投影中心向像面所作垂线的垂足则叫作像主点，通常记作 O。像平面坐标系就是以像主点 O 为原点，记作 xOy。以像片中心点为原点、框标连线为坐标轴的像平面坐标系称为框标坐标系，记作 $x'O'y'$，如图 4-47 所示。

（2）像空间坐标系。

像空间坐标系用以表示像点在像方空间的位置。该坐标系原点选在摄影（或投影）中心 S 上，x、y 坐标轴与以像主点为原点的像平面坐标系相应轴平行，z 轴由右手规则确定，记作 $S\text{-}xyz$。任一像点在像空间坐标系中的坐标为 $(x, y, -f)$，其中 (x, y) 就是像点的像平面坐标，f 是投影中心 S 至像平面的垂距，即航摄仪的镜头焦距，如图 4-48 所示。

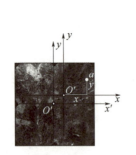

图 4-47　像平面坐标系

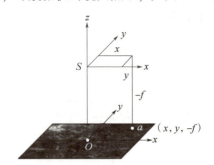

图 4-48　像空间坐标系

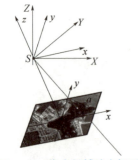

图 4-49　像空间辅助坐标系

（3）像空间辅助坐标系。

像空间辅助坐标系是像空间与物空间之间的一种过渡性坐标系，为了在同一条航线的不同像片间建立联系。摄影中心 S 为坐标原点，以向上的铅垂线方向为 Z 轴的正向，以航线方向为 X 轴，通过右手系确定 Y 轴方向，Y 轴方向与航线垂直，记作 $S\text{-}XYZ$，如图 4-49 所示。

（4）地面摄影测量辅助坐标系。

地面摄影测量辅助坐标系是一种物方坐标系，用于描述地面点在地表三维模型上的位置，其实质仍然是一种过渡性质的坐标系。地面摄影测量辅助坐标系是将某一地面控制点 M 作为坐标原点，3 个坐标轴分别平行于像空间辅助坐标系或摄影测量坐标系的各个轴，记作 $M\text{-}X_{tp}Y_{tp}Z_{tp}$，如图 4-50 所示。

（5）大地测量坐标系。

2000 国家大地坐标系，是我国当前最新的国家大地坐标系，英文名称为 China Geodetic Coordinate System 2000，英文缩写为 CGCS2000。

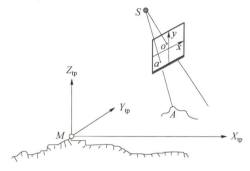

图 4-50　地面摄影测量辅助坐标系

2000 国家大地坐标系的原点为包括海洋和大气的整个地球的质量中心；2000 国家大地坐标系的 Z 轴由原点指向历元 2000.0 的地球参考极的方向，该历元的指向由国际时间局给定的历元为 1984.0 的初始指向推算，定向的时间演化保证相对于地壳不产生残余的全球旋转，X 轴由原点指向格林尼治参考子午线与地球赤道面（历元 2000.0）的交点，Y 轴与 Z 轴、X 轴构成右手正交坐标系。

2008 年 3 月，由国土资源部①正式上报国务院《关于中国采用 2000 国家大地坐标系的请示》，并于 2008 年 4 月获得国务院批准。自 2008 年 7 月 1 日起，中国将全面启用 2000 国家大地坐标系，国家测绘局授权组织实施。

2000 国家大地坐标系采用的地球椭球参数如下：

长半轴 $a = 6\ 378\ 137$ m；

扁率 $f = 1/298.257\ 222\ 101$；

地心引力常数 $GM = 3.986\ 004\ 418 \times 1\ 014$ m³/s²；

自转角速度 $\omega = 7.292\ 115 \times 10^{-5}$ rad/s；

短半轴 $b = 6\ 356\ 752.314\ 14$ m；

极曲率半径 $c = 6\ 399\ 593.625\ 86$ m；

第一偏心率 $e = 0.081\ 819\ 191\ 042\ 8$。

几种坐标系的关系如图 4-51 所示。

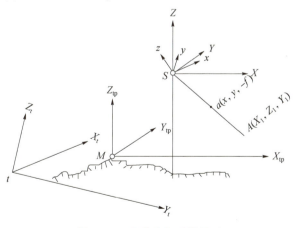

图 4-51　几种坐标系的关系

---

①　国土资源部：今为自然资源部。

（6）框标坐标系。

框标坐标系是依像片上相应框标连线作为基准建立直角坐标。对于框标设在像幅四边中央的像片，通常依航线方向两边对应框标连线作为 x 轴；旁向两边对应框标连线作为 y 轴；两连线的交点 P 作为坐标原点，如图 4-52 所示；对于框标设在像幅四角处的像片，以相对框标连线的交点 P 作为坐标原点。取两对相对框标连线在航线方向夹角的平分线作为 x 轴，垂直于 x 轴的方向作为 y 轴，如图 4-53 所示。

坐标轴的正方向都按右手定则确定。

（7）摄影测量坐标系（$P-X_PY_PZ_P$）。

将像空间辅助坐标系 $S-uvw$ 沿着 w 轴反方向平移至地面点 P，得到的坐标系 $P-X_PY_PZ_P$，称为摄影测量坐标系。由于它与像空间辅助坐标系平行，因此很容易由像点的像空间辅助坐标求得相应的地面点的摄影测量坐标，如图 4-54 所示。

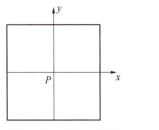
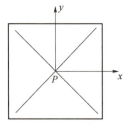
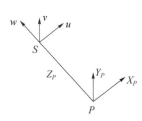

图 4-52 框标坐标系　　　　图 4-53 框标坐标系　　　　图 4-54 摄影测量坐标系

2) 单张航摄像片基本理论

（1）内方位元素。

用以确定摄影中心与像片平面相关位置的数据。内方位元素的作用是确定或恢复摄影光束形状的要素，包括 3 个数据（f、x_0、y_0），目前在航摄仪鉴定时可以提供，所以在航测应用中，内方位元素一般是已知数据。

（2）外方位元素。

用以确定摄影光束在空间的位置及其姿态的数据。航摄像片的外方位元素共有 6 个，其中 3 个用来确定摄影光束在空间位置的数据称为线元素；另外 3 个用来确定摄影光束在空间姿态的数据称为角元素，如图 4-55、图 4-56 所示。

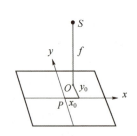
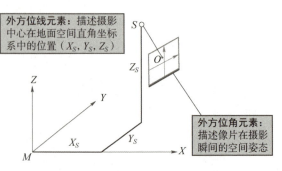

图 4-55 航摄像片内方位元素　　　　图 4-56 航摄像片外方位元素

（3）共线条件方程。

在理想情况下，摄影瞬间像点、投影中心、物点位于同一条直线上，描述这三点共线的数学表达式称之为共线条件方程。

$$\begin{cases} x = -f\dfrac{a_1(X-X_S)+b_1(Y-Y_S)+c_1(Z-Z_S)}{a_3(X-X_S)+b_3(Y-Y_S)+c_3(Z-Z_S)} \\ y = -f\dfrac{a_2(X-X_S)+b_2(Y-Y_S)+c_2(Z-Z_S)}{a_3(X-X_S)+b_3(Y-Y_S)+c_3(Z-Z_S)} \end{cases} \tag{9-1}$$

式中，x、y 为像点在像平面坐标系中的坐标；X、Y、Z 为相应地面点在地面辅助坐标系中的坐标；X_S、Y_S、Z_S 为摄影中心 S 在地面辅助坐标系中的坐标；a_i、b_i、c_i（$i=1$、2、3）为与航摄像片的外方位元素有关的系数项，称为方向余弦。

（4）单像空间后方交会。

利用一定数量的地面控制点空间坐标以及相应的像点坐标，根据共线条件方程，反求像片 6 个外方位元素，这种方法称为单像空间后方交会。

3）航摄像对基本理论

（1）航摄像对。

从两相邻摄站对同一地区所摄取的，具有一定重叠度的两张像片称为航摄像对，也称立体像对。

（2）特征点与同名点。

特征点是指在无人机获取的影像中图像灰度值发生剧烈变化的点或者图像边缘上曲率较大的点（即两个边缘的交点）。通常是一些测区范围内的明显地物点、地物角点、交叉点以及在航片中色彩（灰度值）发生明显变化的点位。

影像特征点能够反映影像的本质特征，能够标识影像中的目标物体，通过特征点匹配能够完成影像之间的匹配，进而进行影像拼接。

同名点即同名像点，是同一地物点在不同影像上成的像点。立体像对重叠范围内，左右像片上同一物点所构成的像称为同名像点。

（3）航摄像对空间前方交会。

在摄影测量中，应用单像空间后方交会求得外方位元素后，仅靠单张像片仍无法确定地面点的三维坐标，因为单张像片只能确定出一条经过投影中心连向地面的方向线。而使用立体像对上的同名像点，可以得到两条同名光线，两条同名光线在空间上一定相交，其交点即为地面点的准确位置。如果已知立体像对两张像片的内、外方位元素，利用左右像片上的同名像点坐标 $a_1(x_1,y_1)$ 与 $a_2(x_2,y_2)$ 可分别列出 2 个共线条件方程，一共可以列出 4 个方程式，就可以解算出对应地面点的三维坐标（X，Y，Z）。这种由立体像对中两张像片的内、外方位元素和同名像点的坐标来确定相应地面点坐标的方法，称为航摄像对空间前方交会。

（4）相对定向元素与绝对定向元素。

在立体摄影测量中，要建立一个与实地完全相似的立体几何模型，必须依靠立体像对；要恢复、确定一个像对的两张像片在摄影瞬间的空间位置与姿态，就必须知道该像对左右两张像片的外方位元素。一张像片有 6 个外方位元素，一个立体像对共有 12 个，这 12 个外方位元素即可确定立体像对在物方空间对于所摄物体的位置关系，即可基于同名光线对对相交解算出每个像点所对应地面点的三维坐标，构建出与实地完全一致的三维立体环境。

在已知内方位元素的基础上，确定立体像对在物方空间相对于所摄物体的位置与姿态关系的方法，一种是通过确定立体像对各张像片 6 个外方位元素的方法来实现；另外一种是先构建两张像片成像瞬间的相对位置关系，确定两张像片内在的几何关系，即构建成像立体几何模型，然后确定立体几何模型相对于地面测量坐标系的关系。

确定一个立体像对的两张像片相对位置关系所需要的元素叫作相对定向元素。它是描述立体像对中两张像片的相对位置与姿态关系的参数。一个立体像对相对定向元素有 5 个。较为常用的相对定向元素表达形式是连续像对相对定向元素，以左像片像空间坐标系为基准，确定右像片相对于左像片的相对方位。这种相对定向元素能够连续地恢复相邻或一条航线上所有投影光束之间的相对方位，通过同名光线相交可以构建出整个区域与实地相似的立体几何模型。确定立体几何模型在地面摄影测量坐标系中的正确方位和比例尺所需的元素，称为立体像对的绝对定向元素。模型的绝对定向元素有 7 个。

相对定向元素与绝对定向元素相当于把立体像对两张像片的 12 个外方位元素划分成两部分，一部分为确定两张像片相对位置关系（5 个相对定向元素），构建出与实地相似的立体模型；另一部分为确定立体模型在地面测量坐标系中的准确位置、姿态与比例（7 个绝对定向元素），构建出与实地相一致的立体环境。

2. 解析空中三角测量

1) 空中三角测量基本原理

无人机航空摄影测量空中三角测量（简称空三加密）是利用无人机连续拍摄，具有一定重叠度像片内在的几何特性，依据少量野外地面控制点，以摄影测量方法建立起一个同实地完全一致的数字模型，从而获得更多加密点的三维坐标信息。

对测绘工作而言，航空摄影测量可分为外业工作和内业工作两大部分。外业工作包括航空摄影、控制点测量、地物信息调绘、地物信息补绘等；内业工作包括影像定向、DEM 生成、正射影像生成、测图等流程。影像的本质是空间的一个平面，因此每张影像的定向至少需要 3 个控制点。如果一次飞行了 1 万张影像，按照每张影像需要 3 个控制点就需要 3 万个控制点，这样就会给外业工作带来巨大的工作量，摄影测量的意义将会大打折扣，那有没有办法减少外业控制点的测量工作呢？这个好比在墙上安装很多小块木板的工作，单独作业则每个小木板需要 3 个钉子钉到墙上。但我们也可以先在地上将木板拼合在一起，形成一个大木板，然后再用 3 个钉子将拼合好的大木板钉到墙上。空中三角测量就是用这个原理来减少控制点的。在进行空中三角测量作业时，先将所有影像进行相对定向，形成自由网，然后再用一些地面控制点进行绝对定向，最终求解出每张影像的位置和姿态，即外方位元素。

在空中三角测量过程中需要加入一些连接点，连接点的作用是将影像相互连接到一起，当空中三角测量完成后，这些连接点的地面坐标被求解出来，变为了已知影像位置和坐标的点，因此在后续的生产中可以当作控制点使用。这些通过空中三角测量处理生产的控制点称为加密点，可见通过空中三角测量作业可以节省大量的外业控制工作，对摄影测量作业有非常重要的意义。

2) 解析空中三角测量概述

（1）解析空中三角测量定义。

解析空中三角测量是指航空摄影测量中利用像片内在的几何特性，在室内加密控制点的方法。即利用连续摄取的具有一定重叠的航摄像片，依据少量野外控制点，以摄影测量方法建立同实地相应的航线模型或区域网模型（光学的或数字的），从而获取加密点的平面坐标和高程，主要用于测地形图。

（2）解析空中三角测量优点。

①不触及被测量目标即可测定其位置和几何形状；

②可快速地在大范围内同时进行点位测定，以节省野外测量工作量；

③不受通视条件限制；

④区域内部精度均匀，且不受区域大小限制。

（3）解析空中三角测量分类。

①按平差模型：航带法、独立模型法、光束法；

②按加密区域：单航带法、区域网法；

③区域网法：航带法区域网平差、独立模型法区域网平差、光束法区域网平差。

（4）解析空中三角测量应用。

①为测绘地形图、制作正射影像图提供定向控制点和像片内、外方位元素；

②取代大地测量方法，进行三、四等或等外三角测量的点位测定（要求精度为厘米级）；

③用于地籍测量以测定大范围内界址点的统一坐标；

④解析近景摄影测量和非地形摄影测量，用于建筑物变形测量、工业测量等。

【自主学习任务单】

任务	自测标准		学习建议
1）资料准备	□	航摄像片	通过相机检校报告获得焦距、传感器尺寸、像元大小、像幅等。 制作 POS 数据：单击"新建 EXCLE 工作表"→"文件"→"打开"外业提交的数据 POS.csv，删除地面试拍数据，点号与影像名一一对应，整理 POS 数据
	□	相机文件	
	□	POS 数据（为对应的影像提供曝光时的相机位置坐标和姿态）	

1. 学习任务

利用 DoubleGrid 软件根据野外控制点成果，在室内进行控制点加密，求得加密点坐标，最终得到符合规范要求的空三加密成果

续表

任务	自测标准		学习建议
2）新建工程	☐	进入主界面	（1）双击"DPGrid"软件，进入主界面。 （2）左键单击"文件"→"新建"，如图4-4所示。 （3）左键单击工程路径后的"浏览"，选择路径（例如：D盘），单击"新建文件夹"，按要求命名文件（注意：不能是中文、空格等特殊符号），单击"确定"
	☐	"文件"→"新建"	
	☐	新建文件夹	
	☐	添加数据	（4）添加数据： ①左键单击 Image Name 下的"添加影像"； ②加载 POS 数据，当 POS 文件是经纬度坐标时，创建工程后，每张影像的外方位元素坐标会转换为直角坐标选择 POS 文件，左键单击与 POS 对应方式后的"投影坐标系"，左键单击"确定"
	☐	参数设置	在新建工程界面，按照相机报告，输入像元、焦距、航高以及相关参数，将新建工程界面右下角航高改为实际航飞高度，勾选"去除转弯片"→"OK"，开始处理
	☐	金字塔生成	在运行的过程中，将建立测区工程，生成金字塔、航线、相机参数信息等
3）匹配同名像点	☐	匹配连接点	（1）左键单击菜单栏中的"定向生产"→"空中三角测量"→（或鼠标左键单击工具栏中的"匹配连接点"）。 （2）进入 Extract TiePoints 界面，在此界面中勾选"粗略匹配""精细匹配""自动平差"，其他保持默认，左键单击"确认"，将执行连点
4）像控点转刺	☐	像控点导入	（1）制作像控点文件； （2）导入像控点文件； （3）进入 TMAtEdit 界面，左键单击工具栏中的"匹配加连接点"； （4）根据提供的控制点信息，在图上用鼠标左键双击控制点附近位置，弹出精调界面，若不可见控制点点位，可鼠标左键单击菜单中的像点，选择点位再选择（或鼠标左键单击工具栏中的点位再选择）；精细调整控制点点位，确认控制点点号无误，单击"保存"
	☐	像控点转刺	（1）像控点点位必须按如图4-18所示像控点点位图及像控点实地照片准确刺入

2. 学习笔记

（1）摄影测量常用的坐标系有哪些？

（2）名字解释：
内方位元素与外方位元素；航摄像对；特征点与同名点；相对定向元素与绝对定向元素。

（3）利用 DoubleGrid 软件进行空中三角测量流程是怎样的？

【任务评价】

序号	评价项目	评价内容	分值	学员互评 (40%)	教师评价 (60%)
1	专业能力 (70分)	能够说出摄影测量常用的坐标系	5		
2		能够说出单张航摄像片内方位元素与外方位元素的定义	5		
3		正确选用工具及清点	5		
4		正确选用耗材	5		
5		正确查询和使用参考资料	5		
6		正确完成准备工作	5		
7		正确利用野外控制点，在室内进行控制点加密	10		
8		正确说出航摄像对、特征点与同名点、相对定向元素与绝对定向元素的定义	5		
9		正确按要求求得加密点坐标	10		
10		正确按要求得到符合规范要求的空三加密成果	10		
11		清点、检查、维护工具和耗材，清扫和整理现场	5		
12	职业素养 (30分)	严格遵守操作规程，严禁违规作业	5		
13		责任意识，工作态度端正	5		
14		团队合作意识，互相协作良好	5		
15		航空从业人员的安全作风	5		
16		扎实严谨工作作风	5		
17		精益求精的工匠精神	5		
得分			100		

姓名：		学号：		总得分：		评价人：

工作任务5 无人机航测 DEM 制作

 任务描述

数字高程模型是摄影测量数字产品的主要内容之一。要生产某地区 0.2 m 地面分辨率的 4D 产品，在完成了空三解算得到符合规范要求的空三加密成果后，利用 DoubleGrid 软件进行 DEM 产品的制作。

 学习目标

1. 知识目标

（1）了解 DEM 的概念；

（2）了解 DEM 存储形式及优缺点。

2. 能力目标

（1）能够说出什么是 DEM；

（2）能够说出 DEM 的存储形式及优缺点；

（3）能够利用 DoubleGrid 软件制作 DEM；

（4）能够利用 DoubleGrid 软件对 DEM 成果进行编辑。

3. 素质目标

（1）培养对照学材自主学习的能力；

（2）培养人文素养、科学素养、职业道德和精益求精的工匠精神；

（3）培养谨慎谦虚、团结协作、主动配合的精神；

（4）培养严格执行规范、保证成果质量、爱护仪器设备的精神。

DEM

任务分析

生产某地区 0.2 m 地面分辨率的 4D 产品。航摄采用数码航摄仪进行数学航空摄影，像元大小为 4.52 μm，焦距为 35.237 5 mm，航向重叠度优于 60%，旁向重叠度优于 30%，质量符合规范要求。成果要求选择高斯-克吕格投影，采用标准 3 度分带平面直角坐标系，采用 2000 国家大地坐标系统，1985 国家高程基准。现阶段主要讲解利用 DoubleGrid 软件，在空三加密成果的基础上，制作 DEM 产品并进行编辑，最终得到符合规范要求的成果。

任务实施

5.1 数字高程模型（DEM）制作

训练设备

（1）装有 DoubleGrid 软件的计算机一台（独立显卡）；
（2）相关数据包：原始影像数据+空三加密成果。

训练方法

配合教材和多媒体资源，完成自主学习。

实施步骤

利用 DoubleGrid 软件进行 DEM 制作流程如下：

1. 资料准备

（1）航摄像片；
（2）空三加密成果；
（3）像控点检查点成果：用于 DEM 成果精度检查。

2. DEM 制作与编辑

（1）鼠标左键单击菜单栏中的"DEM 生产"，选择"密集匹配"（或鼠标左键单击工具栏中的密集匹配），弹出"DPDemMch"界面，如图5-1所示。

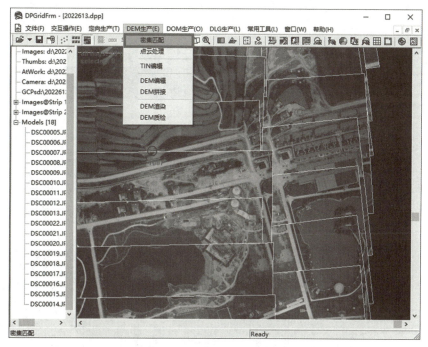

图 5-1　选择"密集匹配"

（2）鼠标左键单击菜单栏中的"处理"，选择"匹配整个测区"，弹出"DEM Matching"界面，如图5-2所示。

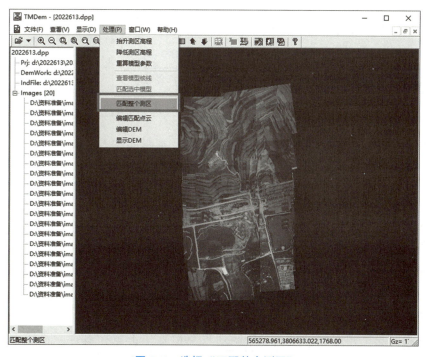

图 5-2　选择"匹配整个测区"

（3）1：2 000 比例尺，设置"DEM 间隔"改为 2，匹配方式改为"ETM 双扩展匹配"，单击"OK"按钮，直至运行完毕后 DEM Matching 界面自动关闭，如图 5-3 所示。

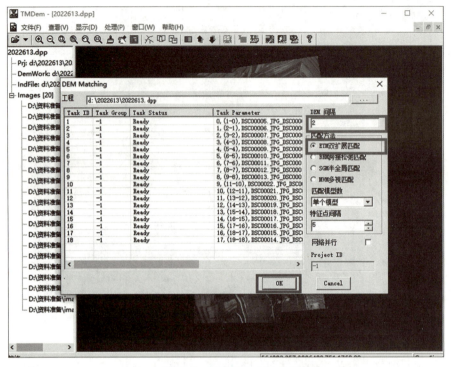

图 5-3　DEM Matching

依据行业规范：CH/T 9008.2—2010《基础地理信息数字成果 1：500、1：1 000、1：2 000 数字高程模型》，数字高程模型的格网尺寸设置如表 5-1 所示。

表 5-1　数字高程模型的格网尺寸　　　　　　　　　　　单位：m

比例尺	1：500	1：1 000	1：2 000
格网尺寸	0.5	1	2

（4）鼠标左键单击菜单栏中的"处理"，选择"编辑匹配点云"，弹出"DPFilter"界面，如图 5-4 所示。

（5）鼠标左键单击菜单栏中的"处理"，选择"点云生成 DEM"，弹出生成"DEM"界面，如图 5-5 所示。

（6）将 X 间隔和 Y 间隔改为 2，选择"三角网算法"，勾选"平滑""无效区""滤波"，单击"确定"，如图 5-6 所示。

（7）在弹出的对话框中选择"否"；关闭 DPFilter 界面，回到主界面，如图 5-7 所示。

（8）鼠标左键单击菜单栏中的"处理"，选择"编辑 DEM"，弹出"DPDemEdt"界面，如图 5-8 所示。

（9）在界面左下角 Stereo Images Pair 列表空白处单击鼠标右键，选择"测区"，如图 5-9 所示。

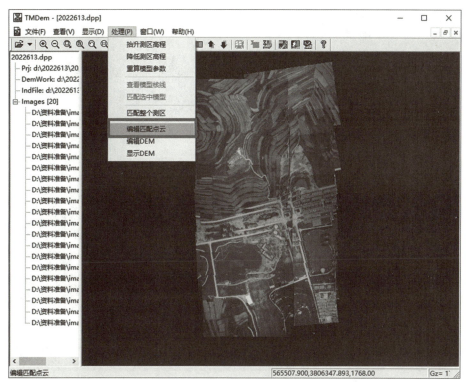

图 5-4 选择"编辑匹配点云"

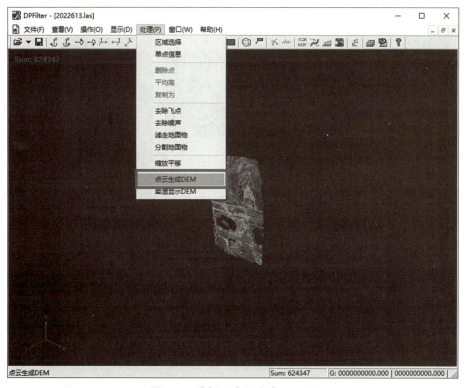

图 5-5 选择"点云生成 DEM"

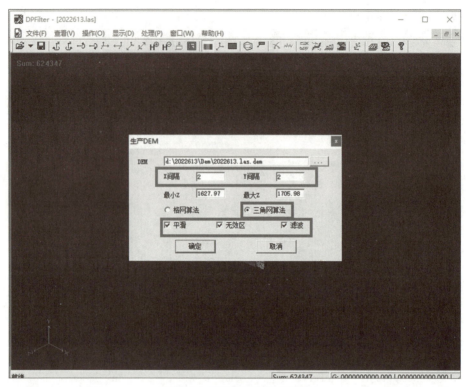

图 5-6 "生产 DEM"界面

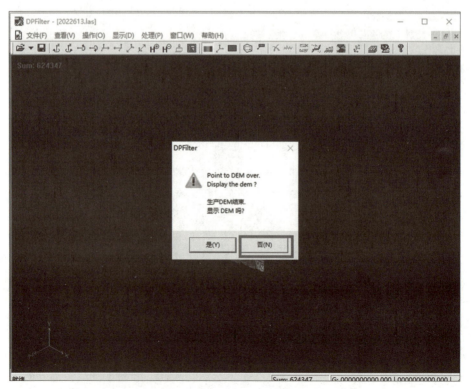

图 5-7 选择"否"

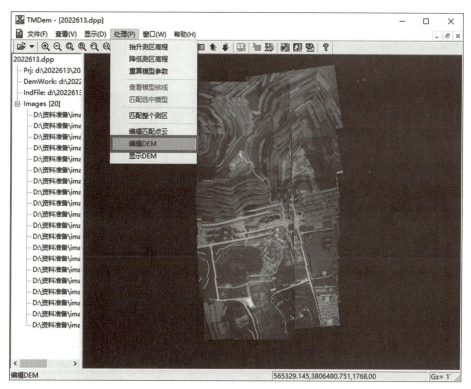

图 5-8 选择"编辑 DEM"

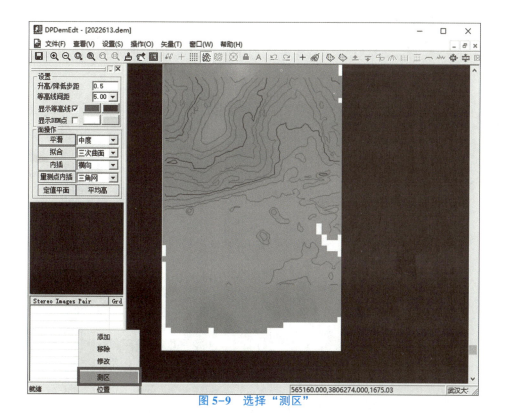

图 5-9 选择"测区"

（10）在弹出的页面，选择工程路径下 dpp 格式文件，单击"打开"，左下角显示导入的立体，如图 5-10 所示。

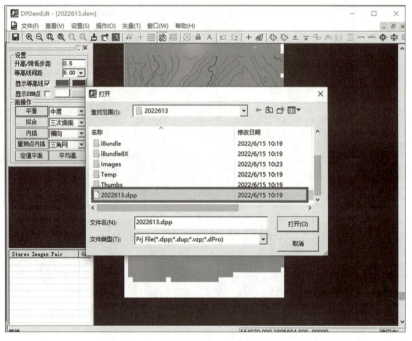

图 5-10　选择工程路径下 dpp 格式文件

（11）鼠标左键双击一组像对，右边弹出模型和 DEM 窗口；戴上红蓝（绿）眼镜，选择区域，并通过编辑功能对 DEM 进行编辑，如图 5-11 所示。

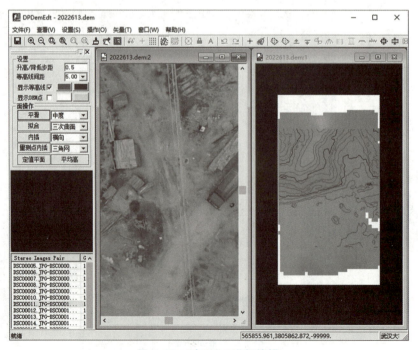

图 5-11　对 DEM 进行编辑

（12）切换其他像对继续编辑，直至任务区域所有 DEM 都无问题；编辑完成后，鼠标左键单击菜单栏中的"文件"，选择"保存"及"退出"，如图 5-12 所示。

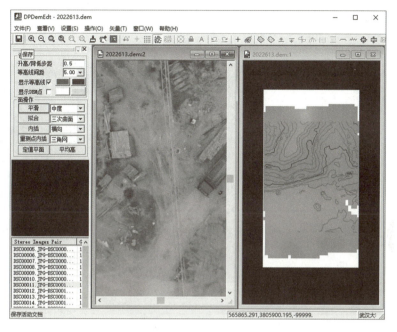

图 5-12　编辑其他像对

3. DOM 质检

（1）鼠标左键单击菜单栏中的"DEM 生产"，选择"DEM 质检"，如图 5-13 所示。

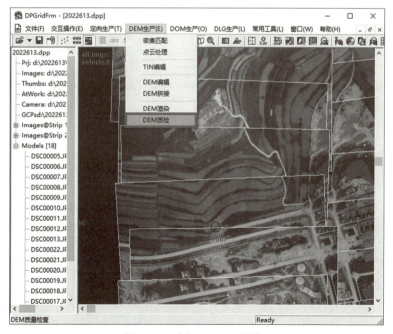

图 5-13　选择"DEM 质检"

（2）在"DEM 质量检查"界面，单击"BROWSE"选择要检查的 DEM 和导入检查点，如图 5-14 所示。

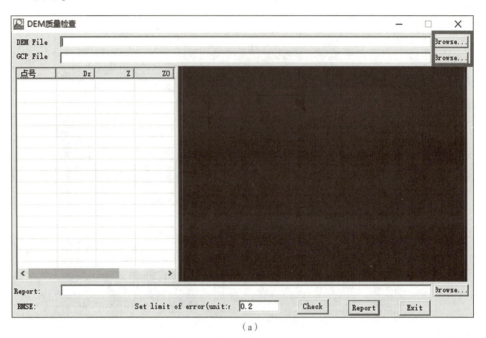

（a）

（b）

图 5-14 选择要检查的 DEM 和导入检查点

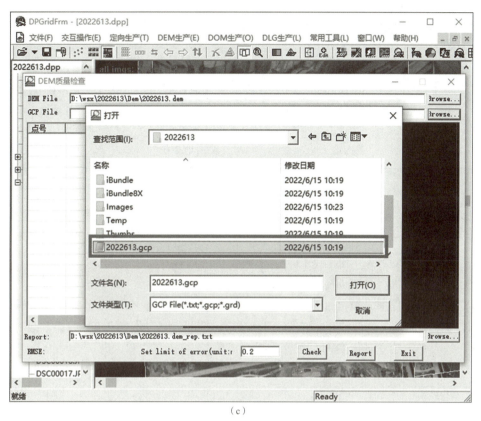

（c）

图 5-14　选择要检查的 DEM 和导入检查点（续）

（3）查看"精度报告"。

成果精度要满足 CH/T 9008.2–2010《基础地理信息数字成果 1∶500、1∶1 000、1∶2 000 数字高程模型》国家规范的要求。

数字高程模型精度分为三级，格网点的中误差不应大于表 5-2 规定。

表 5-2　数字高程模型精度指标　　　　　　　　　　单位：m

比例尺	比例尺		
	一级	二级	三级
1∶500	平地 0.2 丘陵地 0.4 山地　0.5 高山地 0.7	平地 0.25 丘陵地 0.5 山地　0.7 高山地 1.0	平地 0.37 丘陵地 0.75 山地 1.05 高山地 1.5
1∶1 000	平地 0.2 丘陵地 0.5 山地　0.7 高山地 1.5	平地 0.25 丘陵地 0.7 山地 1.0 高山地 2.0	平地 0.37 丘陵地 1.05 山地 1.5 高山地 3.0

续表

比例尺	比例尺		
	一级	二级	三级
1 : 2 000	平地 0.4 丘陵地 0.5 山地 1.2 高山地 1.5	平地 0.5 丘陵地 0.7 山地 1.5 高山地 2.0	平地 0.75 丘陵地 1.05 山地 2.25 高山地 3.0

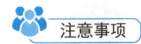 注意事项

（1）实训前要复习课本上有关内容，了解实训的内容及要求。

（2）严格遵守机房及实训室的使用规定。

（3）在使用过程中必须倍加爱护。除了在思想上重视外，在工作过程中还要采取有效措施，以确保实训设备、设施正常工作，杜绝损坏实训设备、设施的事故发生。

（4）每人必须独立进行实训，按要求提交成果。

 思考题

（1）DEM 的存储形式有哪些？各有什么优缺点？

（2）名字解释：数字高程模型（DEM）。

（3）利用 DoubleGrid 软件进行 DEM 制作的流程是怎样的？

【工作依据】数字高程模型（DEM）制作

1. DEM 产品介绍

数字高程模型（DEM）是 Digital Elevation Model 的缩写，是一定范围内规则格网点的平面坐标（X，Y）及其高程（Z）的数据集，它主要是描述区域地貌形态的空间分布，是通过等高线或相似立体模型进行数据采集（包括采样和量测），然后进行数据内插而形成的，如图 5-15 所示。DEM 是对地貌形态的虚拟表示，可派生出等高线、坡度图等信息，也可与 DOM 或其他专题数据叠加，用于与地形相关的分析应用，同时它本身还是制作 DOM 的基础数据。在我国，DEM 是国家基础地理信息数字成果的主要组成部分。

数字高程模型中的高程 z 是平面坐标（x，y）的函数，可用式（5-1）表示：

$$z=f(x,y) \tag{5-1}$$

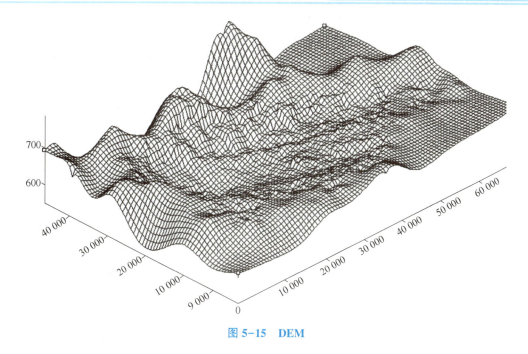

图 5-15　DEM

　　DEM 是用一组有序数值阵列形式表示地面高程的一种实体地面模型，是数字地形模型（Digital Terrain Model，DTM）的一个分支。一般认为，DTM 是描述包括高程在内的各种地貌因子，如坡度、坡向、坡度变化率等因子在内的线性和非线性组合的空间分布，其中 DEM 是零阶单纯的单项数字地貌模型，其他如坡度、坡向及坡度变化率等地貌特性可在 DEM 的基础上派生。DTM 的另外两个分支是各种非地貌特性的以矩阵形式表示的数字模型，包括自然地理要素以及与地面有关的社会经济及人文要素，如土壤类型、土地利用类型、岩层深度、地价、商业优势区等。实际上 DTM 是栅格数据模型的一种。它与图像的栅格表示形式的区别主要是：图像是用一个点代表整个像元的属性，而在 DTM 中，格网的点只表示点的属性，点与点之间的属性可以通过内插计算获得。彩色渲染后的局部 DEM 图如图 5-16 所示。

图 5-16　彩色渲染后的局部 DEM 图

建立 DEM 的方法有多种，从数据源及采集方式上来说，有：

（1）直接从地面测量，例如用 GPS、全站仪、野外测量等。

（2）根据航空或航天影像，通过摄影测量途径获取，如立体坐标仪观测及空三加密法、解析测图、数字摄影测量等。

（3）从现有地形图上采集，如格网读点法、数字化仪手扶跟踪及扫描仪半自动采集然后通过内插生成 DEM 等方法。DEM 内插方法很多，主要有分块内插、部分内插和单点移面内插三种。目前常用的算法是通过等高线和高程点建立不规则的三角网（Triangular Irregular Network，TIN）。然后在 TIN 基础上通过线性和双线性内插建 DEM。

由于 DEM 描述的是地面高程信息，它在测绘、水文、气象、地貌、地质、土壤、工程建设、通信、气象、军事等国民经济和国防建设以及人文和自然科学领域有着广泛的应用。如在工程建设上，可用于如土方量计算、通视分析等；在防洪减灾方面，DEM 是进行水文分析如汇水区分析、水系网络分析、降雨分析、蓄洪计算、淹没分析等的基础；在无线通信上，可用于蜂窝电话的基站分析等。

2. DEM 原理与采集方法

1）DEM 原理

根据 DEM 的概念，DEM 是表示区域 D 上地形的三维向量有限序列 $\{(X_i, Y_i, Z_i), i=1, 2, \cdots, n\}$，其中 $(X_i, Y_i) \in D$ 是平面坐标，Z_i 是 (X_i, Y_i) 对应的高程。当该序列中各向量的平面点位是规则格网排列时，则其平面坐标 (X_i, Y_i) 可省略，此时 DEM 就简化为一维向量序列 $\{Z_i, i=1, 2, 3, \cdots, n\}$。在实际运用中，许多人习惯将 DEM 称为 DTM，实质上它们是不完全相同的。

DEM 有多种表现形式，主要包括规则矩形格网与不规则三角网等为了减少数据的存储量及便于使用管理，可利用一系列在 X、Y 方向上都是等间隔排列的地形点的高程 Z 表示地形形成一个矩形格网 DEM。其任意一个点 P_{ij} 的平面坐标可根据该点在 DEM 中的行列号 j、i 及存放在该头文件的基本信息推算出来。这些基本信息应包括 DEM 起始点（一般为左下角）坐标 X_0、Y_0，DEM 网格在 X 方向与 Y 方向的间隔 D_X、D_Y 及 DEM 的行列数 N_X、N_Y 等。例如：点 P_{ij} 的平面坐标 (X_i, Y_i) 则表示为

$$X_i = X_0 + i \times DX (i=0,1,2,\cdots,N_X-1)$$
$$Y_i = Y_0 + i \times DY (i=0,1,2,\cdots,N_Y-1)$$

由于矩形格网 DEM 存储量最少，非常便于使用且容易管理，因而是目前最广泛的一种形式，如图 5-17 所示。但其缺点是有时不能准确表示地形图的结构与细部，因此基于 DEM 描绘的等高线不能准确表示地貌。为克服其缺点，可采用附加地形特征数据，如地形特征点、山脊线、山谷线、断裂线等，从而构成完整的 DEM。若将地形特征采集的点按一定规则连接成覆盖整个区域且互不重叠的许多三角形，可构成一个不规则三角网 TIN（Triangulated Irregular Network）表示的 DEM，通常称为三角网 DEM 或 TIN。TIN 能够较好的顾及地貌特征点、线，表示复杂地形表面比矩形格网精确。其缺点是数据量较大，数据结构较复杂，因而使用管理也较复杂。

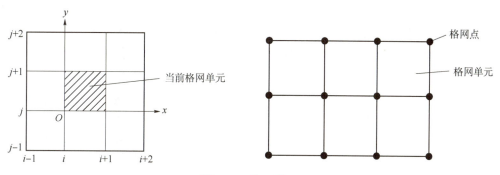

图 5-17 矩形格网

为了建立 DEM，必需测量一些点的三维坐标，这就是 DEM 数据采集或 DEM 数据获取。被测量三维坐标的这些点称为数据点或参考点。

2）DEM 数据点的采集

（1）DEM 数据点的采集方法。

地面测量：利用自动记录的测距经纬仪（常称为电子测速经纬仪或全站经纬仪）在野外实测。这种测速经纬仪一般都有微处理器，它可以自动记录与显示有关数据，还能进行多种测站上的计算工作。其记录的数据可以通过串行通信等方式，输入其他计算机进行处理。

现有地图数字化：这是利用数字化仪对已有地图上的信息（如等高线、地形线等）进行数字化的方法。目前常用的数字化仪有手扶跟踪数字化仪与扫描数字化仪。

①手扶跟踪数字化仪：将地图平放在数字化仪的台面上，用一个带有十字形的鼠标，手扶跟踪等高线或其他地形地物符号，按等时间间隔或等距离间隔的数据流模式记录平面坐标，或由人工按键控制平面坐标的记录，高程则需由人工按键输入。其优点是所获取的向量形式的数据在计算其中比较容易处理；其缺点是速度慢，人工劳动强度大。

②扫描数字化仪：利用平台式扫描仪或滚筒式扫描仪或 CCD 阵列对地图扫描，获取的是栅格数据，即一组阵列式排列的数字影像。其优点是速度快又便于自动化，但获取的数据量很大且处理复杂，将栅格数据转换成矢量数据还有许多问题需要研究，要实现完全自动化还需要做很多工作。

空间传感器：利用 GPS、雷达和激光测高仪等进行数据采集。

数字摄影测量方法：这是 DEM 数据点采集最常用的一种方法。利用附有自动记录装置（接口）的立体测图仪或立体坐标仪，解析测图仪及数字摄影测量系统，进行人工、半自动或全自动的测量来获取数据。

（2）数字摄影测量的 DEM 数据采集方式。

①数字摄影测量是空间数据采集最有效的手段，它具有效率高、劳动强度低等优点。利用计算机辅助测图系统可进行人工控制的采样，即 X、Y、Z 三个坐标的控制全部由人工操作；利用解析测图仪或机控方式的机助测图系统可进行人工或半自动控制的采样，其半自动的控制一般由人工控制高程 Z，而由计算机控制平面系统 X、Y 的驱动；半自动测图系统则是利用计算机立体视觉代替人眼的立体观测。

在人工或半自动方式的数据采集中，记录可分为"点模式"和"流模式"。前者是根据控制信号记录静态测量数据；后者是按一定规律连续性地记录动态的测量数据。

②沿等高线采样：在地形复杂及陡峭地区，可采用沿等高线跟踪的方式进行数据采集，而在平坦地区，则不宜采用沿等高线的采样。沿等高线采样可按等距离间隔记录数据或按等时间间隔记录数据方式进行。当采用后者时，由于在等高线曲率大的地方跟踪速度较慢，因而采集的点较密集，而在等高线曲率小的地方跟踪速度较快，采集的点较稀疏，故只要选择恰当的时间间隔，所记录的数据就能很好地描述地形，且不会有太多的数据。

③规则格网采样：利用解析测图仪在立体模型中按规则矩形进行采样，直接构成规矩格网 DEM。当系统驱动测标到格网点时，会按预先选定的参数停留一短暂的时间，供作业人员精确测量。该方法的优点是方法简单、精度较高、作业效率也较高；其缺点是特征点可能丢失，基于这种矩形格网 DEM 绘制的等高线有时不能很好地表示地形特征。

④沿断面扫描：利用解析测图仪或附有自动记录装置的立体测图仪对立体模型进行断面扫描，按等距离方式或等时间方式记录断面上点的坐标。由于测量是动态的进行，因而此种方法获取数据的精度要比其他方法要差，特别是在地形变化趋势改变处，常常存在系统误差。在传统摄影测量中，该方法作业效率是最高的，一般用于正摄影图的生产。对于精度要求较高的情况，应当从测定的断面数据中消去扫描的系统误差。

⑤渐进采样：为了使采样点分布合理，即平坦地区采样较少，地形复杂地区采样较多，可采用渐进采样的方法。先按预定的比较稀疏的间隔进行采样，获得一个较稀疏的网格，然后分析是否需要对格网加密。

⑥选择采样：为了准确地反映地形，可根据地形特征进行选择采样，例如，沿山脊线、山谷线、断裂线进行采样以及离散碎部点（如山顶）的采集。这种方法获取的数据尤其适合于不规则三角网 DEM 的建立，但显然其数据的存储管理与运用均较为复杂。

⑦混合采样：为了同时考虑采样的效率与合理性，可将规则采样（包括渐进采样）与选择采样结合起来进行，即在规则采样的基础上再进行沿特征线、点的采样。为了区别一般的数据点与特征点，应当给不同的点以不同的特征码，以便处理时可按不同的合适的方式进行。利用混合采样可建立附加地形特征的规则矩形格网 DEM，也可建立沿特征附加三角网的 Grid-TIN 混合形式的 DEM。

⑧自动化 DEM 数据采集：前几种方法是基于解析测图仪或机助测图系统利用半自动化的方法进行 DEM 数据采集的，现在主要利用数字摄影测量工作站进行自动化的 DEM 数据采集。此时可按影像上的规则格网利用数字影像匹配进行数据采集。若利用高程直接求解的影像匹配方法，也可按模型上的规则格网进行数据采集。

⑨数据采集是 DEM 的关键问题，研究结果表明，任何一种 DEM 内插方法均不能弥补由于取样不当所造成的信息损失。数据点太稀会降低 DEM 的精度，数据点过密，又会增大数据获取和处理的工作量，增加不必要的存储量。这需要在 DEM 数据采集之前，按照所需的精度要求确定合理的取样密度，或者在 DTM 数据采集过程中根据地形的复杂程度动态地调整取样密度。

【自主学习任务单】

1. 学习任务

利用 DoubleGrid 软件根据野外控制点成果、空三加密成果，进行 DEM 产品制作，最终得到符合规范要求的 DEM 成果

任务		自测标准	学习建议
1）资料准备	☐	合格的空三成果	详见空三加密章节
2）DEM生成	☐	打开【DPGrid】，选择【密集匹配】方式生成点云	（1）双击"DPGrid"软件，进入主界面。 （2）左键单击"文件"→"打开"，打开合格的空三成果文件。 （3）选择 DEM 生产下【密集匹配】方式。 （4）鼠标左键单击菜单栏中的"处理"，选择"匹配整个测区"。
	☐	根据点云成果生成DEM，将DEM保存至工程的DEM目录下	（5）将 DEM 间隔改为2，匹配方式改为 ETM 双扩展匹配，单击【OK】按钮，直至运行完毕。 （6）鼠标左键单击菜单栏中的"处理"，选择"编辑匹配点云"。 （7）鼠标左键单击菜单栏中的"处理"，选择"点云生成 DEM"，弹出生成的 DEM 界面。
	☐	根据适用规范修改 X 间隔、Y 间隔，设置相关参数	（8）将 X 间隔和 Y 间隔改为2，选择"三角网算法"，勾选"平滑""无效区""滤波"，单击"确定"。 （9）在弹出的对话框中选择"否"；关闭 DPFilter 界面，回到主界面
3）DEM编辑	☐	添加测区	（1）在界面左下角 Stereo Images Pair 列表空白处，单击鼠标右键，选择"测区"； （2）在弹出的页面，选择工程路径下 dpp 格式文件，单击"打开"，左下角显示导入的立体
	☐	DEM 编辑与保存	（1）鼠标左键双击一组像对，右边弹出模型和 DEM 窗口；戴上立体镜，选择区域并通过编辑功能对 DEM 进行编辑。 （2）切换其他像对继续编辑，直至任务区域所有 DEM 都无问题；编辑完成后，鼠标左键单击菜单栏中的"文件"，选择"保存"及"退出"

续表

2. 学习笔记

（1）名字解释：
数字高程模型。

（2）DEM 的存储形式有哪些？各有什么优缺点？

（3）利用 DoubleGrid 软件进行 DEM 产品制作的流程是怎样的？

【任务评价】

序号	评价项目	评价内容	分值	学员互评（40%）	教师评价（60%）
1	专业能力（70分）	能够说出 DEM 的概念	5		
2		能够说出 DEM 存储形式及优缺点	5		
3		能够正确说出 DEM 成果制作流程	5		
4		正确查询和使用参考资料	5		
5		正确完成准备工作	5		
6		正确利用空三成果，进行 DEM 制作	15		
7		正确对 DEM 成果进行编辑	20		
8		正确按要求得到符合规范要求的 DEM 成果	5		
9		清点、检查、维护工具和耗材，清扫和整理现场	5		
10	职业素养（30分）	严格遵守操作规程，严禁违规作业	5		
11		责任意识，工作态度端正	5		
12		团队合作意识，互相协作良好	5		
13		航空从业人员的安全作风	5		
14		扎实严谨工作作风	5		
15		精益求精的工匠精神	5		
得分			100		
姓名：	学号：		总得分：	评价人：	

工作任务6　无人机航测 DOM 制作

 任务描述

在完成了空三解算，得到符合规范要求的空三加密成果并得到了该测区的 DEM 产品后，利用 DoubleGrid 软件进行 DOM 产品的制作，最终得到符合规范要求的 DOM 成果。

 学习目标

1. 知识目标

（1）了解色彩三原色、色彩深度（位）的概念；

（2）了解数字正射影像图 DOM、像素、地面分辨率 GSD 的概念；

（3）了解利用无人机航空摄影进行 DOM 的制作流程。

DOM 生产

2. 能力目标

（1）能够说出色彩三原色分别是什么；

（2）能够说出 DOM、像素、GSD 的含义；

（3）能够利用已完成的空三加密成果及 DEM 产品，最终得到符合规范要求的 DOM 成果。

3. 素质目标

（1）培养对照学材自主学习的能力；

（2）培养人文素养、科学素养、职业道德和精益求精的工匠精神；

（3）培养学生的积极性、主动性、创造性；

（4）培养严格执行规范，保证成果质量，爱护仪器设备的精神。

任务分析

生产某地区 0.2 m 地面分辨率的 4D 产品。航摄采用数码航摄仪进行数学航空摄影，像元大小为 4.52 μm，焦距为 35.237 5 mm，航向重叠度优于 60%，旁向重叠度优于 30%，质量符合规范要求。成果要求选择高斯–克吕格投影，采用标准 3 度分带平面直角坐标系，采用 2000 国家大地坐标系统，1985 国家高程基准。现阶段主要讲解在完成了空三解算，得到符合规范要求的空三加密成果和该测区的 DEM 产品后，利用 DoubleGrid 软件在室内进行原始航片的纠正、镶嵌，修改镶嵌线，修改图面错误，最终输出符合规范要求的 DOM 成果。

 ## 任务实施

6.1　数字正射影像图（DOM）制作

训练设备

（1）装有 DoubleGrid 软件的计算机一台（独立显卡）；
（2）相关数据包：原始影像数据+空三加密成果+DEM 产品。

训练方法

配合教材和多媒体资源，完成自主学习。

实施步骤

利用 DoubleGrid 软件进行 DOM 产品制作流程，如图 6-1 所示。

1. 资料准备

（1）航摄像片；
（2）空三加密成果；
（3）DEM 成果（编辑掉建筑物、植被等非地面点）；
（4）像控点检查点成果：用于 DOM 成果精度检查。

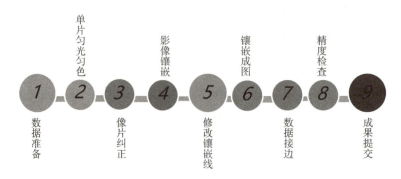

图 6-1　DOM 制作流程图

2. 原始影像匀光匀色

CH/T 9008.3—2010《基础地理信息数字成果 1∶500、1∶1 000、1∶2 000 数字正射影像图》规范中，对 DOM 的色彩特征要求如下：

整个图幅内的影像都应该反差适中、色调均匀、纹理清楚、层次丰富、无明显失真，灰度直方图一般呈正态分布。

由于受影像获取的时间、外部光照条件以及其他内部因素的影响，导致获取的影像在色彩上存在不同程度的差异，这种差异会不同程度地影响后续航测 6D 的生产尤其是 DOM 的制作。为了消除影像色彩上的差异，需要对影像进行色彩平衡处理，即匀光匀色处理，如图 6-2 所示。

匀光匀色处理，目前市面上专业的航测数据处理软件系统都可以实现这个功能，如航天远景的 EPT、国外的 Inpho 等。

图 6-2　影像的整体匀光匀色

3. 单张正射影像制作——影像纠正

（1）单击"DPGridFrm"界面菜单栏中"DOM 生产"，选择"正射生产"，系统弹出"生产正射影像"界面，如图 6-3 和图 6-4 所示。

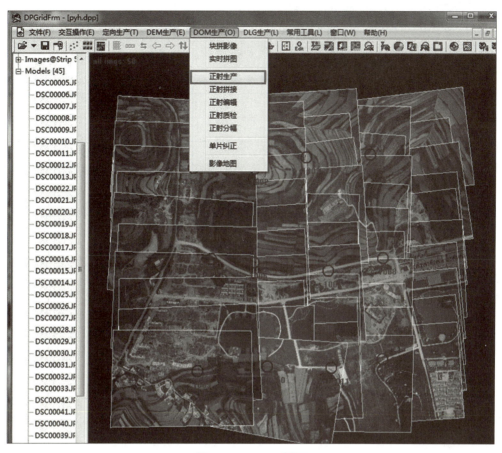

图 6-3 DPGrid 界面

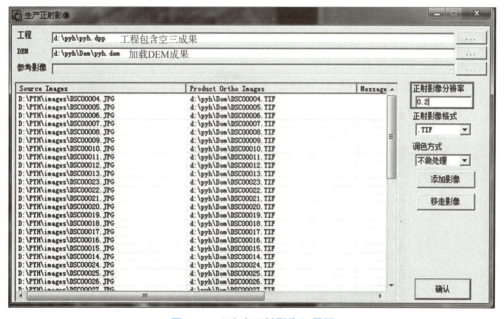

图 6-4 "生产正射影像"界面

无人机摄影测量

（2）如果是 1∶2 000 比例尺，设置正射影像分辨率 GSD 为 0.2，单击"确定"。

依据行业规范：CH/T 9008.3—2010《基础地理信息数字成果 1∶500、1∶1 000、1∶2 000 数字正射影像图》，分辨率设置如表 6-1 所示。

表 6-1　数字正射影像图影像分辨率　　　　　　　　　　　　　单位：m

比例尺	1∶500	1∶1 000	1∶2 000
地面分辨率	0.05	0.1	0.2

（3）上述步骤完成后，工程中加载的像片的正射影像全部完成。数据存放于工程路径下的 DOM 文件夹中，如图 6-5 所示。

图 6-5　单张正射影像

4. 影像镶嵌

（1）单击菜单栏中的"DOM 生产"，选择"正射拼接"，系统弹出"DPMzx"界面，新建正射拼接工程，如图 6-6 所示。

（2）将文件存放到工程的根目录 DOM 下，命名为 PJXY，然后打开该工程。

图 6-6　新建正射拼接工程

162

（3）单击菜单栏中的"文件"，选择"添加影像"或单击工具栏中的"添加影像"，如图6-7所示，弹出"Select Images"。

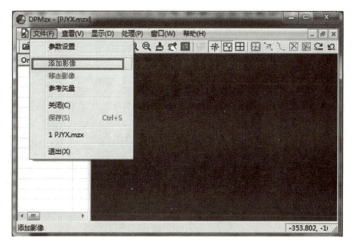

图6-7　添加影像

（4）添加纠正好的所有单片影像。选择DOM文件夹下的所有单片正射影像，单击"打开"，如图6-8所示。

图6-8　Ortho片加载

（5）生成拼接线。

单击菜单栏中的"处理"，选择"生成拼接线"或单击工具栏中的"生成拼接线"命令，生成拼接线，如图6-9所示。

（6）单击"编辑拼接线"命令，直至任务区编辑完成，如图6-10所示。

注意：

镶嵌线编辑就是通过编辑镶嵌线对正射影像进行编辑。在制作过程中按以下几点选择合理的镶嵌线：

①尽量沿着线状地物：如田埂、路边线、水涯线等。

②选择镶嵌线时要尽可能绕过山地和房子，沿道路而走，需避让高大建筑物，并减少高

大建筑物对其他地物遮挡，保存更多地面信息，如图 6-11 所示。否则在像对或航线之间进行 DOM 拼接时会发生房屋对倒或相互挤压的现象。

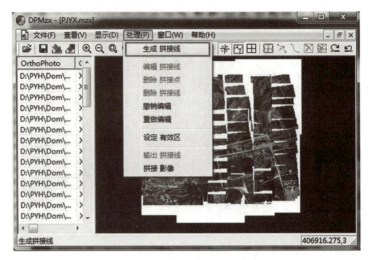

图 6-9　影像镶嵌

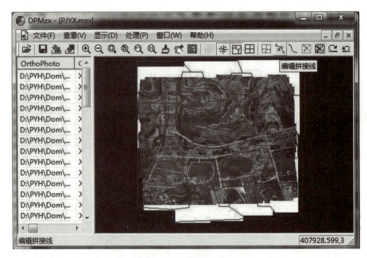

图 6-10　编辑拼接线

图 6-11　编辑拼接线——避开房子

③尽可能避开重要地物，以确保重要地物的完整性。

（7）单击菜单栏中的"处理"，选择"输出拼接线"或是单击工具栏中的"输出拼接线"命令，作为成果进行保存，命名为PJX，如图6-12所示。

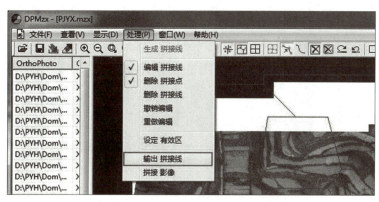

图6-12　输出拼接线

5. 拼接影像

（1）单击菜单栏中的"处理"，选择"拼接 影像"或单击工具栏中的"拼接 影像"，如图6-13所示。

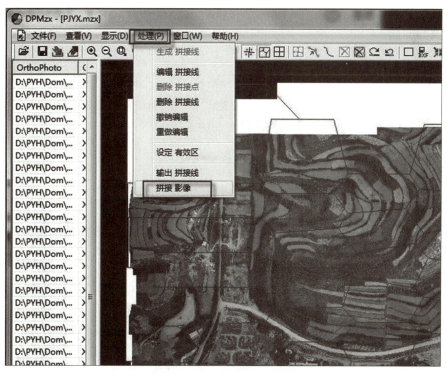

图6-13　拼接 影像

（2）弹出"另存为"界面，命名为DOM，文件的格式设置为 .tif，如图6-14所示。

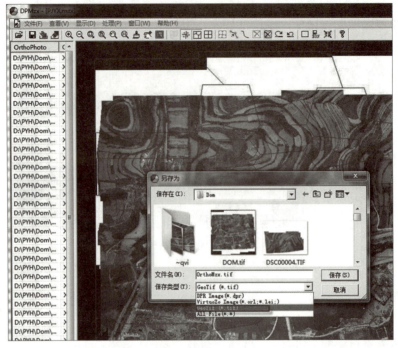

图6-14　保存DOM成果

6. DOM 质检

1）打开 DOM 文件

（1）单击菜单栏中的"DOM 生产"→"正射质检"，弹出 TMOChk 窗口。

（2）单击"文件"→"打开"，在弹出的界面中选择生产的 .dom 文件后，单击"打开"，如图6-15所示。

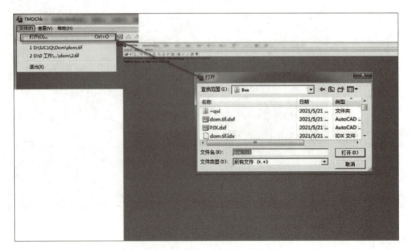

图6-15　打开DOM窗口

2) 导入控制点

（1）ID 编号只支持数字，根据软件需求制作检查点文件，格式如图 6-16 所示。

点号	X坐标	Y坐标	Z坐标
1005	407195.155	3672945.653	1638.278
1001	407129.335	3673283.172	1633.317
10010	407412.259	3672548.001	1633.279
10011	407655.579	3672542.329	1640.424
10012	407847.528	3672576.098	1638.921
1002	407360.419	3673281.067	1645.123
1003	407557.301	3673322.709	1675.735
1004	407798.908	3673331.941	1684.937
1006	407358.512	3672931.392	1654.248
1007	407641.100	3672902.295	1642.248
1008	407848.593	3672949.105	1640.135
1009	407146.344	3672529.332	1630.185

图 6-16　检查点文件格式

（2）单击"文件"→"导入控制点"，在弹出界面中找到检查点文件后，单击"确定"，如图 6-17 所示。

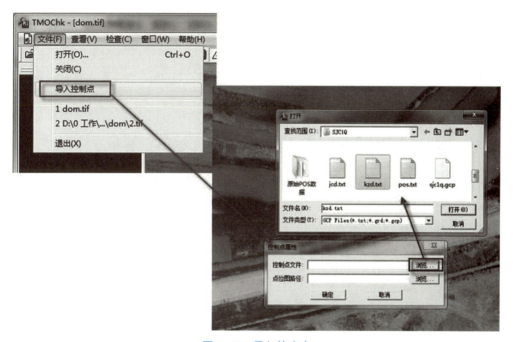

图 6-17　导入检查点

3) 检查点转刺

（1）在左侧检查点处，左键双击精调窗口会实时显示检查点点位，右击通过"放大""缩小""适合窗口""原始 1：1"调整合适视角，找到准确点位后左键单击。以此类推，逐次完成所有点位的转刺，如图 6-18 所示。

（2）单击"检查"→"导出精度报告"。成果精度要满足 CH/T 9008.3—2010《基础地理信息数字成果 1：500、1：1 000、1：2 000 数字正射影像图》国家规范的要求。

图 6-18　点位转刺窗口

数字正射影像图明显地物点的平面位置中误差不应大于表 6-2 规定，平面位置中误差的两倍为其最大误差。

表 6-2　平面位置中误差 　　　　　　　　　　　　　　　单位：mm（图上）

比例尺	平地、丘陵地	山地、高山地
1∶500　1∶1 000　1∶2 000	0.6	0.8

注意：

①数字正射影像应与相邻影像图接边，接边误差不应大于 2 个像元。

②整个图幅内的影像都应该反差适中、色调均匀、纹理清楚、层次丰富、无明显失真，灰度直方图一般呈正态分布。

7. 考核成果提交

1) 成果文件夹命名

创建成果文件夹，命名为"身份证号码 + YXSJCL（影像数据处理）"，如"64230119871120 2459YXSJCL"。

2) 成果提交

DOM 生产完成后提交成果格式：＊tif + tfw，命名为"身份证号码 + DOM"，如"64230119871120 2459DOM"。具体示例如图 6-19 所示。

图 6-19　成果提交命名示例

注意事项

（1）实训前要复习课本上有关内容，了解实训的内容及要求。

（2）严格遵守机房及实训室的使用规定。

（3）在使用过程中必须倍加爱护。除了在思想上重视外，在工作过程中还要采取有效措施，以确保实训设备、设施正常工作，杜绝损坏实训设备、设施的事故发生。

（4）每人必须独立进行实训，按要求提交成果。

思考题

（1）色彩三原色分别是什么？

（2）8 bit 和 16 bit 的影像数据有什么区别？

（3）名字解释：

像素、地面分辨率 GSD、数字微分纠正。

（4）利用 DoubleGrid 软件进行 DOM 产品制作流程是怎样的？

【工作依据】 数字正射影像图（DOM）制作

1. 色彩知识

1）色彩三原色 RGB

若三种颜色，其中的任一种都不能由其余两种颜色混合相加产生，这三种颜色按一定比例混合，可以形成各种色调的颜色，则称之为三原色，如图 6-20 所示。

彩色图像：是指每个像素由红、绿、蓝（R、G、B）三原色构成的图像，其中 R、G、B 是由不同的灰度级来描述的，如图 6-21 所示。

例如 8 bit 的影像数据，RGB 值域范围为 0~255。

纯白（255，255，255），纯黑（0，0，0），如图 6-22 所示。

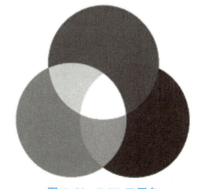

图 6-20　RGB 三原色

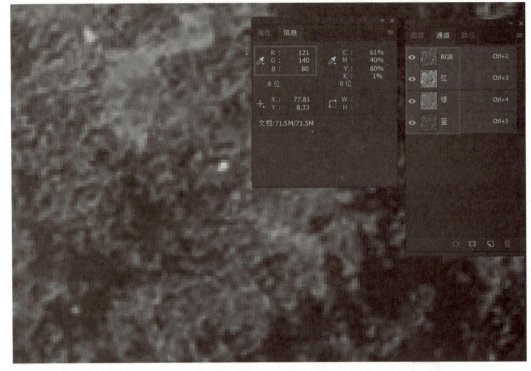

图 6-21　色彩灰度值

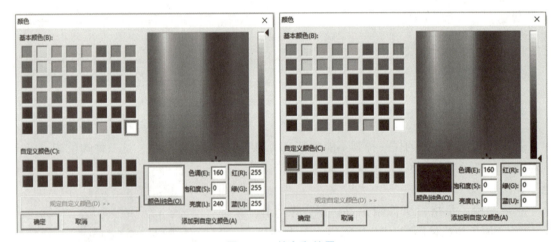

图 6-22　纯白和纯黑

2）色彩深度（位）

像素所能分配的最大颜色数量叫作"颜色容量"，单位是"位"。如一个像素最多只能分配 8 种不同级次的颜色，就称颜色容量为 8 位，位数越多越接近自然界的颜色，即"真彩色"。

像素深度以二进制为单位，如果像素深度为 1，图像仅能包含两个灰度级（2 的 1 次方）或彩色（如黑白图像），像素深度为 8 时则允许有 256（2 的 8 次方）个灰度级或彩色，像素深度为16时允许有65 536色（2的16次方）。

16位图像比8位图像有较好的色彩过渡，更加细腻，携带的色彩信息可以更加丰富。但是16位图像的影像数据要大于8 bit，需要更多的存储空间。例如：如果一个8位图像有10 MB大小，它变成16时，大小就要翻一番变成20 MB。

2. 数字正射影像DOM

1）DOM定义

在进行航空摄影时，由于无法保证摄影瞬间航摄相机的绝对水平，得到的影像是一个倾斜投影的像片，像片各个部分的比例尺不一致；另外，根据光学成像原理，相机成像时是按照中心投影方式成像的，这样地面上的高低起伏在像片上就会存在投影差。要使影像具有地图的特性，需要对影像进行倾斜纠正和投影差的改正，经改正消除各种变形后得到的影像叫作正射影像。

数字正射影像图DOM（Digital Orthophoto Map）是利用数字高程模型（DEM）对航空影像或高空采集的卫星影像数据，逐像元进行数字纠正、镶嵌，按国家基本比例尺地形图图幅范围裁剪生成的数字正射影像数据集。

DOM同时具有地图几何精度和影像特征的图像，具有精度高、信息丰富、直观真实等优点，可作为地图分析背景控制信息，也可从中提取自然资源和社会经济发展的历史信息或最新信息，为防治灾害和公共设施建设规划等应用提供可靠依据；还可从中提取和派生新的信息，实现地图的修测更新。

数字正射影像图作为国家基础地理信息数字成果的主要组成部分之一，其竞争力最强的地方为易判读与量测性能，并具有生产快与更新周期短的优势，因而它的发展前景也是十分广阔的。

2）影像像元 & 地面分辨率GSD

像元，亦称像素点，是组成数字化影像的最小单元，如图6-23所示。像元是反映影像特征的重要标志。像元大小决定了数字影像的影像分辨率和信息量。像元小，影像分辨率高，信息量大；反之，影像分辨率低，信息量小。

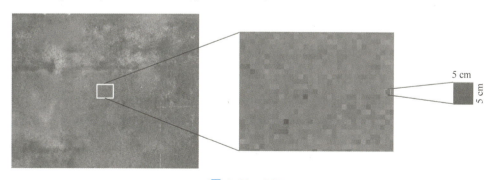

图6-23　GSD

在 CH/T 9008.3—2010《基础地理信息数字成果 1∶500、1∶1 000、1∶2 000 数字正射影像图》规范中，对 DOM 产品成果的 GSD 要求如下：数字正射影像图影像地面分辨率应优于表 6-3 的规定。

表 6-3　数字正射影像图影像分辨率

比例尺	1∶500	1∶1 000	1∶2 000
地面分辨率/m	0.05	0.1	0.2

3)　像片纠正 & 数字微分纠正

航空摄影所得到的像片是中心投影的，即所有的投影线均汇聚于相机的摄影中心，由于航片不一定平行于地面，而且地面上存在着高差，所以航片与普通的地图不同，存在几何变形和误差。但如果航片经过一定纠正，便可以当作普通地图来使用了。

像片纠正的实质是将中心投影的像片变成具有正射投影性质的像片。

航空摄影过程中，像片有倾斜，由地面物点 $ABCDF$ 汇聚于投影中心 S 的投影光线与影像平面的交点 $abcdf$ 构成了地物点的影像，航片是地面物点在影像平面的中心投影如图 6-24（a）所示。如果影像水平，将地面物点沿铅垂线方向投影在任一水平面上，投影点 $a_0b_0c_0d_0f_0$ 即为物点的正射投影，如图 6-24（b）所示，这些正射投影点经一定比例尺缩小后，就能得到影像平面图的影像。

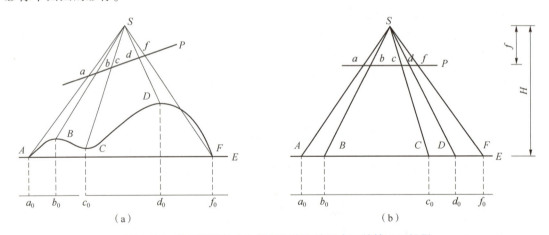

图 6-24　航空摄影是中心投影影像和地面水平的情况下投影

但当地面物点都位于同一水平面，航摄机对水平地面摄取水平影像，此时，地物点在影像上的中心投影 $abcdf$ 其形状与相应的正射投影 $a_0b_0c_0d_0f_0$ 完全相似。

通过图 6-24 对比得到：在地形没有起伏，影像没有倾斜的情况下，航摄影像可以看作是影像平面图。为了消除影像与影像平面图的差异，需要将竖直摄影的影像消除影像倾斜引起的像点位移和限制或消除地形起伏引起的投影差，并将影像归化为成图比例尺，这项工作称为影像纠正，如图 6-25 所示。

而数字微分纠正就是以像元（像素）为纠正单元。利用计算机对数字影像通过图像变换来完成像片纠正，属于高精度的逐点纠正。

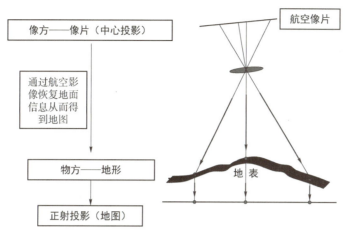

图 6-25　中心投影纠正成正射投影

4）影像镶嵌

通过多幅影像同名点自动匹配进行影像拼接，叫作影像镶嵌。正射影像镶嵌是在生成的单片数字正射影像图间的重叠影像区内选取拼接线，进行镶嵌处理，最终得到整个区域影像的过程，如图 6-26 所示。

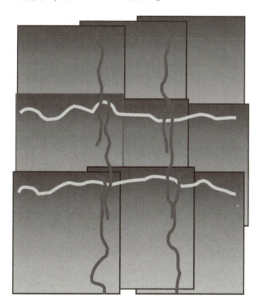

图 6-26　影像镶嵌

镶嵌线是影像之间公共区域选择的拼接线。如何在制作过程中选择合理的镶嵌线，要求如下：

（1）尽量沿着线状地物（如田埂、路边线、水涯线等）。

（2）选择镶嵌线时要尽可能绕过山地和房子，沿道路而走，需避让高大建筑物，并减少高大建筑物对其他地物遮挡，保存更多地面信息，否则在像对或航线之间进行 DOM 拼接时会发生房屋对倒或相互挤压的现象。

（3）尽可能避开重要地物，以确保重要地物的完整性。

（4）镶嵌线尽量走近似直线的平滑曲线或直线。

（5）镶嵌线选好后，选择较小的羽化值如 3~10 像素为拼接过渡。

5）影像精度检查

影响正射影像精度的原因是多方面的，对于正射影像的成图检查也要从对生产过程的监督入手，检查各工序的作业程序是否符合国家、行业规范以及设计书的要求，各项精度指标是否达到要求。

精度检查分两部分内容，一是目视检查影像图是否反差适中、色调均匀、纹理清楚、层次丰富、无明显失真、无明显镶嵌接缝及调整痕迹，无因影像缺损而造成无法判读影像信息和精度的损失；二是利用外业采集的检查点数据检测正射影像平面精度是否满足精度限差，也可对部分点位通过外业实地勘测的方式进行检测。

6）影像分幅

按照国家主管部门统一制定的图幅分幅编号规则，对镶嵌好的数字正射影像进行分幅编号，如图 6-27 所示。

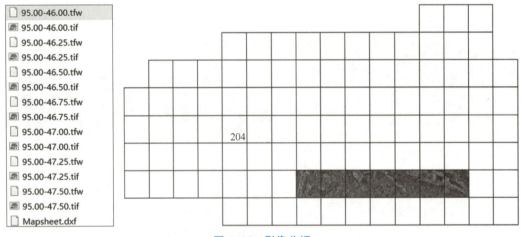

图 6-27　影像分幅

7）影像接边

首先要保证接边数据的精度，包括接边处影像检查和接边精度检查。接边处影像检查：用目测法检查相邻数字正射影像图幅接边处影像的亮度、反差、色彩是否一致。接边精度的检查：取相邻两数字正射影像图重叠区域处同名点作为检查点或直接根据外业检查点，分别量取两同名点或检查点的距离、读取同名点或检查点的坐标，算出两点间的距离，检查同名点或检查点的差值是否符合限差。

接边种类：

（1）同分辨率影像直接接边。

（2）不同分辨率影像，首先重采样成同一分辨率再进行接边。

8) 影像成果格式

数字正射影像数据集由数字正射影像文件、记录影像坐标信息的影像信息文件、元数据文件三部分组成。数字正射影像文件应使用非压缩 TIFF 格式存储。影像坐标信息在 TFW 文件中以 ASCII 文件格式存储，如图 6-28 所示。

图 6-28　影像成果格式

【自主学习任务单】

1. 学习任务

利用 DoubleGrid 软件，根据某指导区域的影像数据及空三加密成果和该测区 DEM 产品成果，在室内进行原始航片的纠正、镶嵌、修改镶嵌线，最终输出符合规范要求的 DOM 成果

任务		自测标准	学习建议
1）资料准备	☐	航摄像片	（1）原始航片：航片色彩清晰、色调一致、地物清晰、没有大面积云影、阴影、雪影等覆盖； （2）空三加密成果：查验精度，满足规范精度要求； （3）DEM：去掉建筑物、树木植被等非地形要素后编辑完成后的产品
	☐	空三加密成果	
	☐	DEM 产品	
2）DOM制作	☐	进入主界面	（1）单击"DPGridFrm"界面菜单栏中"DOM 生产"，选择"正射生产"，系统弹出生产正射影像界面； （2）正确设置正射影像分辨率 GSD
	☐	设置 GSD	
	☐	影像镶嵌	（1）新建正射拼接工程，命名为 PJXY； （2）"添加影像"：纠正好的所有单片正射影像； （3）生成拼接线； （4）编辑拼接线； （5）"输出拼接线"，命名为 PJX
	☐	拼接影像	（1）单击"拼接影像"； （2）在弹出"另存为"界面，命名为 DOM，文件的格式设置为 .tif

任务	自测标准	学习建议
3）DOM质检与成果提交	☐ 正射质检	（1）"DOM生产"→"正射质检"； （2）单击"文件"→"打开"，在弹出的界面中选择生产的.dom文件后，单击"打开"； （3）导入控制点：单击"文件"→"导入控制点"； （4）检查点转刺； （5）单击"检查"→"导出精度报告"
	☐ 考核成果提交	（1）成果文件夹命名： "身份证号码+YXSJCL（影像数据处理）； （2）成果提交 DOM生产完成后提交成果格式：＊tif+tfw，命名为"身份证号码+DOM"

2. 学习笔记

（1）色彩三原色分别是什么？

（2）8 bit 和 16 bit 的影像数据有什么区别？

（3）名字解释：
像素、GSD、数字微分纠正。

（4）利用 DoubleGrid 软件进行 DOM 产品制作的流程是怎样的？

【任务评价】

序号	评价项目	评价内容	分值	学员互评（40%）	教师评价（60%）
1	专业能力（70分）	能够说出色彩三原色	5		
2		能够说出数字正射影像的定义	5		
3		能够说出像素与地面分辨率 GSD 的概念	5		
4		能够说出利用无人机航空摄影进行 DOM 的制作流程	5		
5		正确查询和使用航测规范	5		
6		能够正确整理 DOM 生产所需要的原始资料	5		
7		能够正确对原始航片进行匀光匀色	10		
8		能够说出数字微分纠正与镶嵌的原理	5		
9		能够正确修改镶嵌线	10		
10		正确按要求得到符合规范要求的 DOM 成果	10		
11		清点、检查、维护工具和耗材，清扫和整理现场	5		
12	职业素养（30分）	严格遵守操作规程，严禁违规作业	5		
13		责任意识，工作态度端正	5		
14		团队合作意识，互相协作良好	5		
15		严谨细致的工作态度	5		
16		规范作业意识	5		
17		精益求精的工匠精神	5		
得分			100		
姓名：	学号：		总得分：	评价人：	

工作任务 7　无人机航测 DLG 制作

 任务描述

　　在完成了空三解算，得到符合规范要求的该测区空三加密成果后，利用 DoubleGrid 软件测图模块进行 DLG 全要素采集，最终输出符合规范要求的 DLG 成果。

 学习目标

1. 知识目标

（1）了解地图、数字线划图的概念；

（2）了解地形图要素类型和地形图符号；

（3）了解利用无人机航空摄影进行 DLG 的制作流程。

2. 能力目标

（1）能够说出大比例尺地形图九大类；

（2）能够利用已完成的空三加密成果，最终得到符合规范要求的 DLG 成果。

3. 素质目标

（1）培养对照学材自主学习的能力；

（2）培养人文素养、科学素养、职业道德和精益求精的工匠精神；

（3）培养学生的积极性、主动性、创造性；

（4）有理想、敢担当、能吃苦、肯奋斗的职业精神。

DLG 制作

 任务分析

　　运用立体测图的摄影测量方法生产某区域 1∶2 000 数字线划图（DLG）。

测区总面积约 1 km²，为城乡综合地区；测区内分布有湖泊、公路、桥梁、机耕道路、乡镇及农村居民地、工矿设施、旱地、林地、草地、高压线等要素，地形为带状，川地多为居民区，两侧山上有梯田坎及少量居民地。

项目已完成全部测区范围多镜头航空倾斜摄影，完成测区内像控点布设与测量、空三解算并到符合规范要求的空三加密成果，生成立体模型，进行 DLG 产品的要素采集。

成果要求选择高斯-克吕格投影，采用标准 3 度分带平面直角坐标系，采用 2000 国家大地坐标系统，1985 国家高程基准。

规范参考：GB/T 20257.1—2017《国家基本比例尺地图图式第 1 部分：1：500、1：1 000、1：2 000 地形图图式》表达地物和地貌。DLG 生产采用"先内后外""内业定位、外业定性"的成图方法。所有要素需在全数字摄影测量工作站上进行采集，并进行外业调绘补测、数据整理和成图等工作。

 任务实施

7.1 数字线化图（DLG）制作

 训练设备

（1）装有 DoubleGrid 软件的计算机一台；
（2）相关数据包：影像数据及空三加密成果。

 训练方法

配合教材和多媒体资源，完成自主学习。

训练方法 实施步骤

利用 DoubleGrid 软件进行 DLG 产品制作流程，如图 7-1 所示。

1. 资料准备

（1）影像数据；
（2）空三加密成果；
（3）测区范围线；
（4）像控点检查点成果：用于 DLG 成果精度检查。

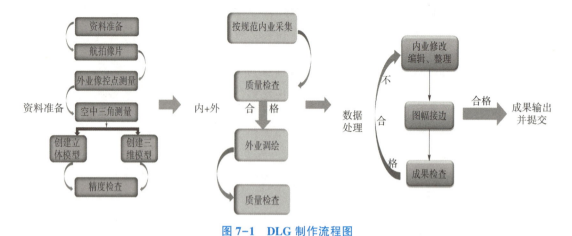

图 7-1　DLG 制作流程图

2. DLG 生产

（1）鼠标左键单击菜单栏中的"DLG 生产"，选择"立体影像测图"，如图 7-2 所示。

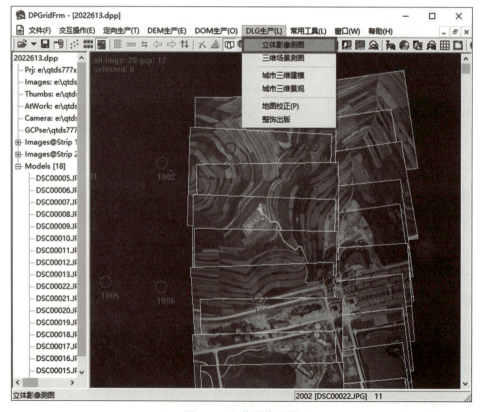

图 7-2　立体影像测图

（2）鼠标左键单击菜单栏中的"文件"，选择"新建"，如图 7-3 所示，弹出"图幅参数"界面。

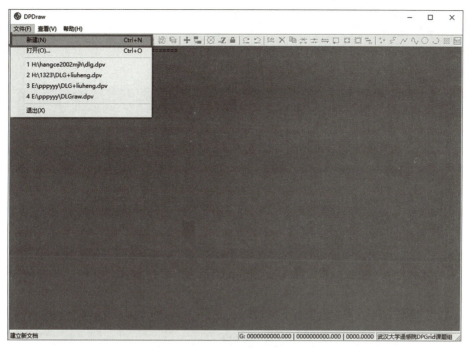

图7-3　新建文件

（3）在"图幅参数"界面设置符号比例为1∶2 000，高程点小数位为2，将起点X、起点Y、右上X、右上Y按照测图范围进行设置，设置完后单击"保存"，如图7-4所示，弹出"打开"对话框。

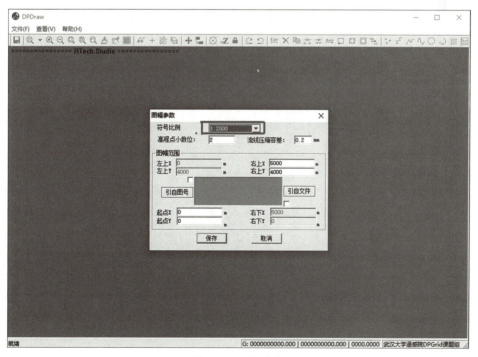

图7-4　图幅参数

（4）将矢量文件保存在工程根目录下，命名为 DLG，单击"打开"，如图 7-5 所示，弹出"DPDraw"界面。

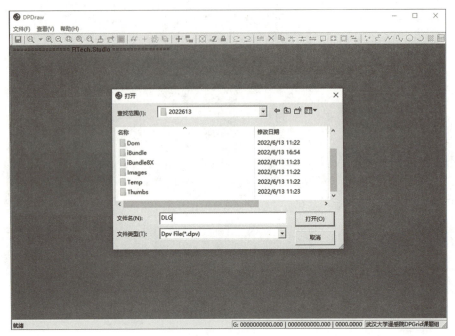

图 7-5　命名

（5）在界面左下角"Stereo Images"列表空白处，单击鼠标右键，选择"测区"，如图 7-6 所示。

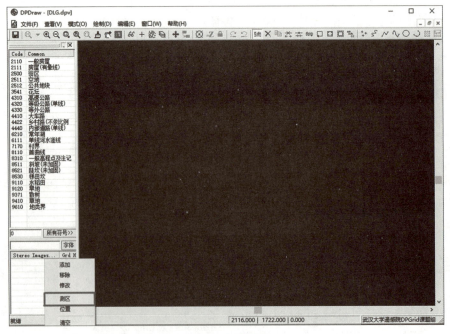

图 7-6　加载测区

（6）在弹出的页面，选择工程路径下 dpp 格式文件，单击"打开"，左下角显示导入的立体像对，如图 7-7 所示。

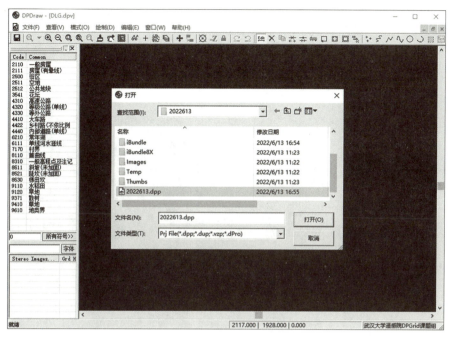

图 7-7 加载立体像对

（7）鼠标左键双击一组像对，弹出"DPDraw"对话框，选择"是"，右边弹出模型和矢量窗口，如图 7-8 所示。

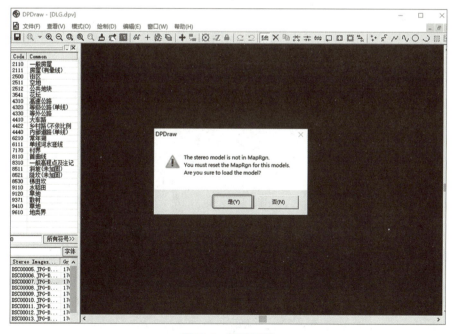

图 7-8 打开工程

（8）戴上红蓝（绿）眼镜，通过鼠标滚轮调整测标高程，鼠标左键单击左上角的符号面板，选择正确符号，在模型上采集对应的地物、地貌，一个模型完成后，继续用其他模型采集地物、地貌。

依据成果需求，采集点、线、面构成的地物类型，如图 7-9 所示。

采集标准依据：GB/T 20257.1—2017《国家基本比例尺地图图式第 1 部分：1∶500、1∶1 000、1∶2 000 地形图图式》表达地物和地貌。

图 7-9　立体采集

（9）选择"一般高程点及注记"符号，采集指定位置的高程。

采集高程点：采集特征部位（山脊、山谷、鞍部、山顶、洼地、坡脚线、坎上、坎下、道路交叉口、院落、水系交叉口等），如图 7-10 所示。高程点需呈"品"字形交错排列。

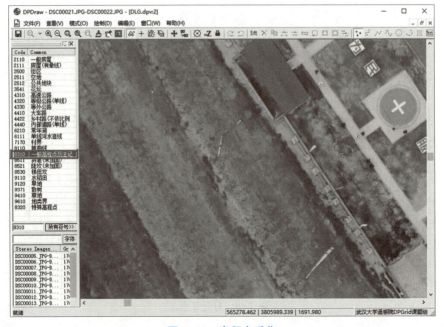

图 7-10　高程点采集

（10）选择"内部道路"符号，采集道路。

内部道路采集标准：指公园、工矿、机关、学校和居民小区等内部经过铺装的主要道路。采集方法：一定要是一个较大封闭区域内部的道路才可以画内部道路，如小区和机关单位，如图7-11（a）所示。

大车路采集标准：指路基未经修筑或简单修筑能通行大车和拖拉机的道路，某些地区也可通行汽车。大车路的宽度依比例尺测绘，若实地宽窄不一且变化频繁，图上可取中等宽度绘成平行线。采集方法：注意道路属性的判断不要出错，用平行线的方式画，然后在局部地区做修侧，如图7-11（b）所示。

（a）

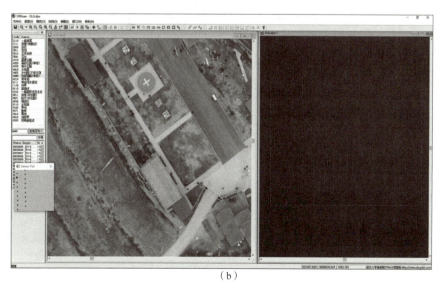

（b）

图7-11　道路采集

（a）内部道路采集；（b）大车路采集

（11）选择"一般房屋"符号，采集影像房屋。

采集房屋标准：房屋一般不综合，应逐个表示。不同层数、不同结构性质、主要房屋和附加房屋都应分割表示。城镇内的老居民区房屋毗连、庭院套递，应根据房屋形式不同、屋脊高低不一、屋脊前后不齐等因素进行分割表示。

采集方法：切准房角，先高后低、先整体后局部，如图 7-12 所示。观察要仔细，小房子不要丢漏。要注意院落的封闭，围墙要画完整。

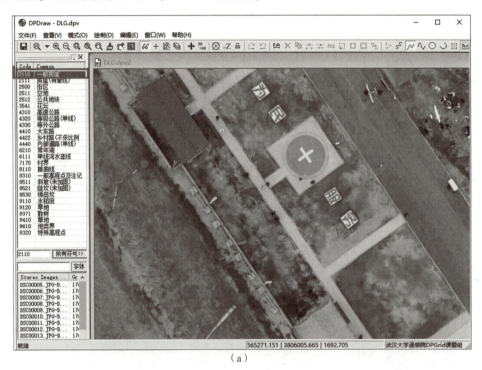

（a）

（b）

图 7-12　房屋采集

（12）完成所有规定的地物、地貌的绘制后，鼠标左键单击菜单栏中的"文件"，选择"保存"及"退出"，如图7-13所示。

图7-13　保存

3. 整饰出版

（1）鼠标左键单击菜单栏中的"DLG生产"，选择"整饰出版"（或鼠标左键单击工具栏中的"整饰出版"），如图7-14所示，弹出"DPPlot"界面。

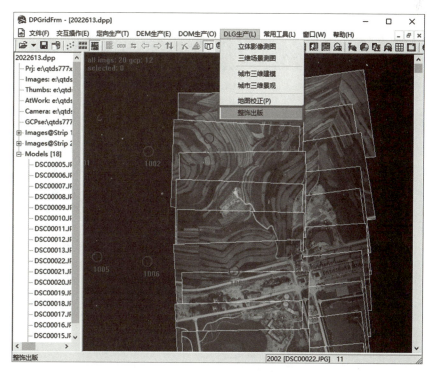

图7-14　整饰出版

（2）鼠标左键单击菜单栏中的"文件"，选择"打开"，如图 7-15 所示，弹出"打开"界面。

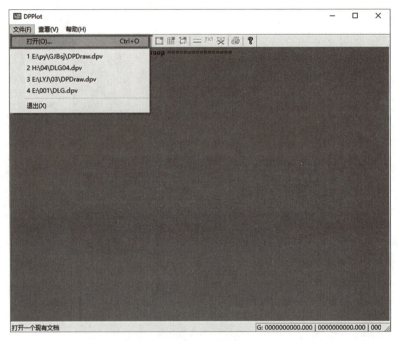

图 7-15　打开采集的成果

（3）在弹出的界面中选择 DLG 生产中保存的 dpv 矢量文件并打开，如图 7-16 所示。

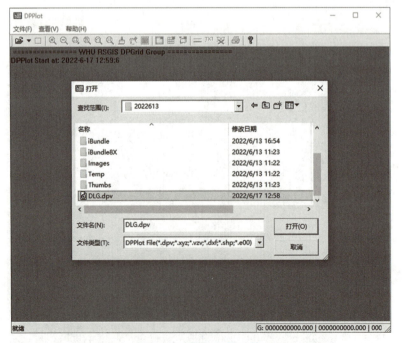

图 7-16　打开矢量文件

（4）鼠标左键单击菜单栏中的"设置"，选择"设置图廓参数"（或鼠标左键单击工具栏中的"设置图廓参数"），弹出"图框设置"对话框，如图7-17所示。

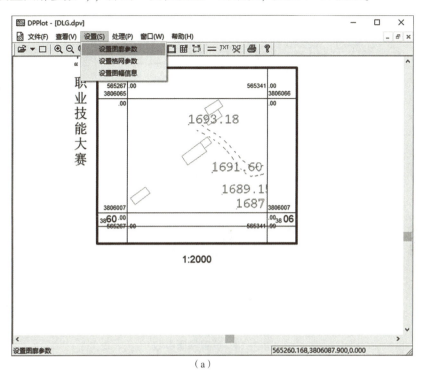

（a）

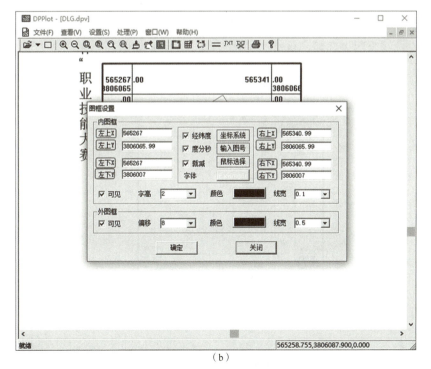

（b）

图7-17　设置图廓参数

（a）选择"设置图廓参数"；（b）"图框设置"对话框

（5）鼠标左键单击菜单栏中的"设置"，选择"设置格网参数"（或鼠标左键单击工具栏中的"设置格网参数"）：按照要求对格网进行设置，如图7-18所示。

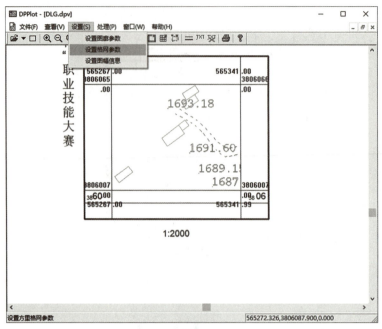

图7-18　设置格网参数

（6）鼠标左键单击菜单栏中的"设置"，选择"设置图幅信息"（或鼠标左键单击工具栏中的"设置图幅信息"），按照要求对图名、图号、地区、版权单位进行设置，核查比例尺数值，不勾选结合图表选项，单击"确认"，如图7-19所示。

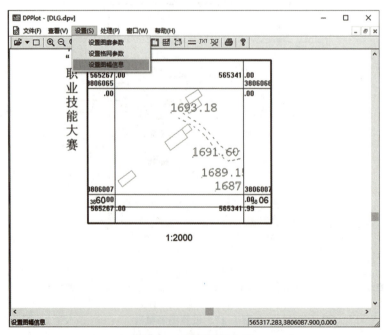

图7-19　设置图幅参数

（7）鼠标左键单击菜单栏中的"处理"，选择"输出结果"（或鼠标左键单击工具栏中的"输出结果"），弹出"输出成果图"对话框，命名为DLG，文件的格式设置为jpg，单击"确认"，弹出"DPPlot"对话框，单击"是（Y）"，弹出"DPViewer"界面查看整饰成果，如图7-20所示。

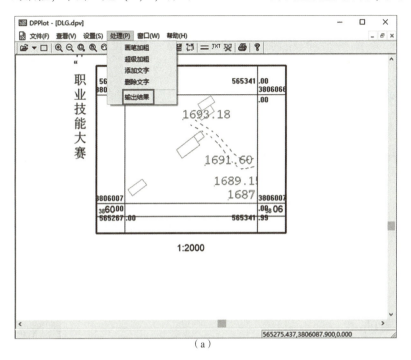

（a）

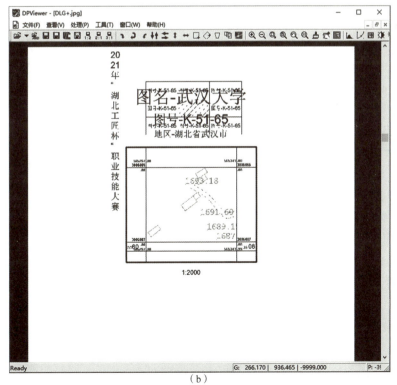

（b）

图7-20　输出结果

4. 考核成果提交

1）成果文件夹命名

创建成果文件夹，命名为"身份证号码+YXSJCL（影像数据处理）"，如"642301198711202459YXSJCL"。

2）成果提交

DOM生产完成后提交成果格式：*，命名为"身份证号码+DLG"，如"642301198711202459DLG"。具体示例如图7-21所示。

图7-21　成果提交命名示例

（1）实训前要复习课本上有关内容，了解实训的内容及要求。

（2）严格遵守机房及实训室的使用规定。

（3）在使用过程中必须倍加爱护。除了在思想上重视外，在工作过程中还要采取有效措施，以确保实训设备、设施正常工作，杜绝损坏实训设备、设施的事故发生。

（4）每人必须独立进行实训，按要求提交成果。

（1）DLG数据检查，检查哪些方面？

（2）DLG数据接边，有什么要求？

（3）名字解释：

地图、地形图。

（4）利用DoubleGrid软件进行DLG产品制作流程是怎样的？

【工作依据】数字线化图（DLG）制作

1. 地图相关理论基础

1）地图 & 地形图

（1）地图：按一定的数学法则有选择地在平面上表示地球表面各种自然要素和社会要素的图通称为地图。

（2）地形图：地形图是按照一定的数学法则，运用制图综合理论，应用地图符号系统，将地球表面的地物、地貌经过综合取舍，以一定的比例尺缩放绘制在图纸上的正形投影图，如图7-22所示。

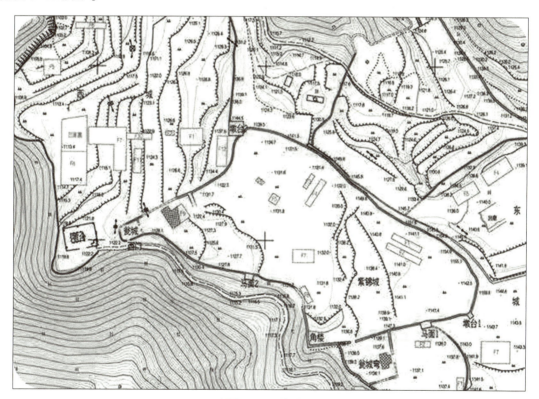

图7-22　地形图

2）地形图要素与表达

（1）地形图要素：地物和地貌。

地物：地球表面的固定物体，如建筑物、道路、河流、森林等。

地貌：地球表面高低起伏状态，如高山、深谷、陡坎、悬崖峭壁等统称为地貌。

（2）地物符号：按符号与实地要素比例关系分类有依比例尺符号、半依比例尺、不依比例尺。

依比例尺符号：地物依比例尺缩小后，其长度和宽度能依比例尺表示的地物符号，例双线道路、双线河流、依比例尺涵洞等。

半依比例尺符号：地物依比例尺缩小后，其长度能依比例尺而宽度不能依比例尺表示的地物符号，例单线道路、单线河流、半依比例尺涵洞等。

不依比例尺符号：地物依比例尺缩小后，其长度和宽度不能依比例尺表示。这种符号只表示物体的位置和意义，不能测量物体的大小，多是重要或目标显著、独立的物体，例电杆、散坟等。

同一种要素可能有不同的表示方式。例如，同样是居民地，面积大时能依比例表示，较小时用不依比例或半依比例表示。又如同一物体，在地形比例尺较大时用依比例符号表示，而比例尺较小时只能用不依比例或半依比例符号表示。

（3）地貌符号：地形图上表示地貌的方法有多种，目前最常见的是等高线法。等高线不仅能表示地面高低起伏的形态，还可以确定地面点的高程。

（4）注记符号：就是用文字、数字或特定的符号等对地形图上的地物、地貌做补充和说明，如图上注明的地名、控制点名称、高程、房屋层数、河流名称、深度、流向等。

（5）九大要素。

按照国标分类，目前这九大类构成了大比例尺地形图的全部内容，分为测量控制点、水系、居民地及设施、交通、管线、境界、地貌、植被与土质、注记。下面举例说明地形图九大要素，如表7-1所示。

表7-1　地形图九大要素

地物类型	地物类型举例
水系	江河、运河、沟渠、湖泊、池塘、井、泉、堤坝、闸等及其附属建筑物
居民地	城市、集镇、村庄、窑洞、蒙古包以及居民地的附属建筑物
道路	铁路、公路、乡村路、大车路、小路、桥梁、涵洞以及其他道路附属建筑物
独立地物	三角点等各种测量控制点、亭、塔、碑、牌坊、气象站、独立石等
管线与垣墙	输电线路、通信线路、地面与地下管道、城墙、围墙、栅栏、篱笆等
境界与界碑	国界、省界、县界及其他界碑等
土质与植被	森林、果园、菜园、耕地、草地、沙地、沼泽等

3）生产流程

在采集过程中，内业定位、外业定性。

（1）内业采集。

根据空三成果运用现有的测图软件创建立体像对或三维模型，按照成图比例要求，依据

GB/T 20257.1—2017《国家基本比例尺地图图式 第1部分：1∶500、1∶1 000、1∶2 000 地形图图式》用特定的符号将地物地貌表示出来。

根据数据源的不同，内业数据采集大致可分为根据立体采集和倾斜实景三维模型采集两种方法。立体采集对人员要求较高，对立体显卡等硬件设备有一定的要求，而倾斜模型采集可以做到裸眼采集，较为直观，所见即所得。

（2）外业调绘。

内业无法判读的地物，例如：电杆属性、电线走向、阴影遮挡、水系流向、植被属性等信息，在采集成图后由外业人员到现场实地进行核实补测，确保图形的准确性。

（3）编辑成图。

将采集得到的地形图与实地调绘补测后的数据进行编辑修改，做到接边一致、属性正确、图形美观。

2. 地物要素采集

1）DLG 地物要素采集原则

采集方法分为立体采集和裸眼三维采集，两种采集方法对地形的认知判断力、需要遵循的采集原则都是一致的。

（1）在采集过程中，内业定位、外业定性。

（2）除了直接可利用的资料外，所有要素基于立体环境，影像或实景三维模型能清晰采集的尽量采集，原则不综合表示，可适当取舍，保证所采要素完整齐全、精度可靠。

（3）立体模型的测图范围不应超出该模型测图定向点连线外 1 cm（以像片比例尺计），且离像片边缘不小于 1.5 cm。

（4）裸眼采集前，确保瓦片数据完整。

（5）采集依比例尺地物时，测标应切准地物的外轮廓线，立体采集时切准地物的顶部，三维模型采集时切准地物的模型可任意采集（顶部、中部、底部），采集半依比例尺和不依比例尺的地物时，测标应切准其定位线或定位点，各要素空间关系要正确。

（6）对阴影、树等遮盖或影像模糊不清无法判读的地物，做出标记，进行外业实地调绘后返回内业编辑处理。

（7）使用折线进行数据采集时应注意及时调整折线参数，使线条流畅、光滑，避免产生冗余。

（8）有向点方向用角度值表示。角度值确定方法：均以 GB/T 20257.1—2017 规定的符号为 0°方向（北方向），按照顺时针方向计算旋转角度，角度值为 [0°，360°）。

（9）有向线表示在线状要素定位线位置，应保持要素符号主体在采集前进方向的左侧。

（10）面状有符号的要素起始边应为 GB/T 20257.1—2017 符号的"长"边，如桥、楼梯等。

（11）涉及军事设施和国家保密单位名称注记不采集。

2）DLG 数据编辑注意事项

（1）居民地层：房屋属性是否正确，注记大小、附属设施的线型是否正确。

（2）道路设施层：道路边线属性是否一致，线宽按地形图比例要求设置，路口线线相交处做打断圆滑处理，整饰按照左虚右实、上虚下实的原则，路面铺装材质用注记表示。

（3）水系设施层：注意单线水渠和双线水渠线宽按地形图比例要求设置。

（4）独立地物层：符号大小按地形图比例要求设置。

（5）管线设施层：符号大小按地形图比例要求设置。

（6）地貌土质层：斜坡需重新生成符号；等高线的线宽要按地形图比例要求设置，道路、河流双线内侧的等高线需打断删除，穿过陡坎的等高线需打断，最后等高线将折线拟合使之曲线圆滑顺畅；高程点需重新展点并按地形图比例要求设置字体大小和保留位数。

（7）植被层：植被范围的骨架线设置为不保留，地类界与陡坎、斜坡、房屋边线、道路等边线重合时，需打断处理。

3） DLG 数据接边要求

（1）接边处的数据应连续、无裂缝、图形自然平滑。

（2）同一要素在相邻图幅的位置、属性、关系正确一致。

（3）符号化数据接边时，应保持符号图形形状特征的正确性，图形过渡自然，避免生硬。

4） DLG 数据检查

采集完成的 DLG 成果需进行以下问题检查：如 DLG 采集时丢漏地物；符号使用不正确或符号表示错误；房屋、植被、河流水面等面状地物出现交叉、缝隙、重叠等拓扑错误；地物表述矛盾、符号交叉如道路与陡坎、沟渠等符号冲突；等高线与实际地形不符；高程点逻辑关系不正确等。

（1）等高线合法性检查。

①同一条等高线上高程值处处相等；

②等高线的高程值是否为整数值；

③等高线是否有缺失；

④计曲线、首曲线的属性是否正确；

⑤高程点与等高线逻辑关系检查；

⑥等高线与特征线矛盾检查。

（2）图面整饰检查。

①高程点、植被符号及各层注记间的压盖修改；

②居民地注记、交通注记、植被注记、独立地物注记、高程点注记等字体及大小设置；

③河流流向的正确性：其流向箭头的方向为高程递减的方向；

④查看地物是否有漏绘；

⑤地物表述矛盾、符号交叉如道路与陡坎、沟渠等符号冲突检查。

（3）图形空间关系检查。

①悬挂点检查；

②交叉线检查；

③空间逻辑检查；

④重叠对象检查；

⑤自相交检查；

⑥面对象相交检查；

⑦面对象与缝隙漏洞检查。

5) DLG数据精度要求

DLG内业整理完成最终成果需利用外业检查点进行精度检查。在CHT 9008.1—2010《基础地理信息数字成果1∶500、1∶1 000、1∶2 000数字线划图》规范中，平面位置精度要求如下：

（1）图廓点、公里网、控制点的坐标值符合理论值或已测坐标值。

（2）图上地物点对邻近野外控制点的平面位置中误差不应大于表7-2的规定。特别困难地区（大面积的森林、沙漠、戈壁、沼泽等）平面位置中误差按表7-2相应地形类别放宽0.5倍。

表7-2　数字线化图平面位置中误差　　　　　　　　　　　　　　　单位：m

比例尺	地形类别	
	平地，丘陵地 （坡度<6°）	地山、高山地 （坡度≥6°）
1∶500	0.3	0.4
1∶1 000	0.6	0.8
1∶2 000	1.2	1.6
注：最大允许误差为两倍中误差。		

在CH/T 9008.1—2010《基础地理信息数字成果1∶500、1∶1 000、1∶2 000数字线划图》规范中，高程精度要求如下：

（1）各类控制点的高程值符合已测高程值。

（2）高程注记点、等高线对邻近野外控制点的高程中误差不应大于表7-2的规定。

（3）特别困难地区（大面积的森林、沙漠、戈壁、沼泽等）高程中误差按表7-3相应地形类别放宽0.5倍，高山地不宜再放宽。

表7-3　数字线化图高程中误差　　　　　　　　　　　　　　　单位：m

要素		地形类别			
		平地 （坡度<2°）	丘陵地 （2°≤坡度<6°）	山地 （6°≤坡度<25°）	高山地 （坡度≥25°）
1∶500	高程注记点	0.2	0.4（0.2）	0.5	0.7
	等高线	0.25	0.5（0.25）	0.7	1.0 （地形变换点）

要素		地形类别			
		平地 （坡度<2°）	丘陵地 （2°≤坡度<6°）	山地 （6°≤坡度<25°）	高山地 （坡度≥25°）
1∶1 000	高程注记点	0.2（0.4）	0.5	0.7	1.5
	等高线	0.25（0.5）	0.7	1.0	2.0 （地形变换点）
1∶2 000	高程注记点	0.4（0.2）	0.5	1.2	1.5
	等高线	0.5（0.25）	0.7	1.5 （地形变换点）	2.0 （地形变换点）

注：最大允许误差为两倍中误差。

6）DLG 数据接边要求

在 CH/T 9008.1—2010《基础地理信息数字成果 1∶500、1∶1 000、1∶2 000 数字线划图》规范中，数据接边要求如下：

（1）接边处的数据应连续、无裂缝，图形平滑自然；

（2）同一要素在相邻图幅的位置、属性、关系正确一致；

（3）符号化数据接边时，还应保持符号图形形状特征的正确性，图形过渡自然，避免生硬。

【自主学习任务单】

1. 学习任务

利用 DoubleGrid 软件，根据某指导区域的影像数据及空三加密成果，利用立体眼镜进行 DLG 点、线、面的要素采集，最终输出符合规范要求的 DLG 成果

任务	自测标准		学习建议
1）资料准备	☐	航摄像片	（1）原始航片：航片色彩清晰、色调一致、地物清晰，没有大面积云影、阴影、雪影等覆盖；
	☐	空三加密成果	（2）空三加密成果：查验精度，满足规范精度要求
2）DLG制作	☐	进入主界面	（1）单击"DPGridFrm"界面菜单栏中"DLG 生产"，选择"立体影像测图"，系统弹出生产 DLG 界面；
	☐	新建 DLG 矢量文件	（2）新建 DLG 矢量文件，设置图幅参数：DLG.dvp

续表

任务		自测标准	学习建议
2）DLG制作	☐	加载测区，调出立体像对	（1）在界面左下角 Stereo Images 列表空白处，单击鼠标右键，选择"测区"； （2）鼠标左键双击一组像对，调出立体像对； （3）戴上红蓝（绿）眼镜，通过鼠标滚轮调整测标高程，鼠标左键单击左上角的符号面板，选择正确符号，在模型上采集对应的地物、地貌，一个模型完成后，继续用其他模型采集地物、地貌
	☐	点、线、面要素采集	（1）点状地物（独立地物）包括控制点、独立符号、工矿符号、电杆、路灯等要素，在采集相关点要素时根据符号的特性采集在其相应的定位点上； （2）线状要素包括管线、道路、水系、地貌等，在采集时注意地物的形状特征，每个点都应切准地物拐角和地形变化的地物表面处。双线要素沿地物边线采集，单线要素沿地物中心线采集；河流岸线切准常水位地表处；陡坎切准上棱线地表位置，斜坡应采集坡脚线以控制坡长范围。地形变化处适当增加节点，保持线条自然光滑。 （3）面状地物如居民地、植被、水塘等要素。面状要素在采集时要保证其封闭性，如部分地物采集中不能构成面时使用地类界进行面闭合。水库、池塘测定一个常水位高程；田块按真实边界采集。居民地采集可使用直接贴准模型表面如房角、墙角等进行采集，矩形房屋直角化采集房屋的边沿，非矩形房屋按实际位置进行采集处理
3）数据检查	☐	等高线合法性检查	（1）同一条等高线上高程值处处相等； （2）等高线的高程值是否为整数值； （3）等高线是否有缺失； （4）计曲线、首曲线的属性是否正确； （5）高程点与等高线逻辑关系检查； （6）等高线与特征线矛盾检查
	☐	图面整饰检查	（1）高程点、植被符号及各层注记间的压盖修改； （2）居民地注记、交通注记、植被注记、独立地物注记、高程点注记等字体及大小设置； （3）河流流向的正确性：其流向箭头的方向为高程递减的方向； （4）查看地物是否有漏绘； （5）地物表述矛盾、符号交叉如道路与陡坎、沟渠等符号冲突检查

任务	自测标准		学习建议
3）数据检查	☐	图形空间关系检查	（1）悬挂点检查； （2）交叉线检查； （3）空间逻辑检查； （4）重叠对象检查； （5）自相交检查； （6）面对象相交检查； （7）面对象与缝隙漏洞检查
4）数据接边	☐	相邻作业区数据接边	接边处的数据应连续、无裂缝，图形自然平滑；同一要素在相邻图幅的位置、属性、关系正确一致；符号化数据接边时，应保持符号图形形状特征的正确性，图形过渡自然，避免生硬
5）数据精度检查	☐	精度检测	DLG 整理完成后的最终成果需要进行精度检查，可利用外业检查点来求取平面及高程中误差，从而完成精度检测
6）DLG 成果整饰出版与成果提交	☐	整饰出版	（1）鼠标左键单击菜单栏中的"DLG 生产"，选择"整饰出版"； （2）单击"设置"，"设置图廓参数""设置格网参数""设置图幅参数"； （3）单击"处理"，选择"输出结果"弹出"DPViewer"界面查看整饰成果
	☐	考核成果提交	（1）成果文件夹命名： "身份证号码+YXSJCL（影像数据处理）"； （2）成果提交 DLG 生产完成后提交成果格式：＊.dvp+＊.jpg， 命名为"身份证号码+DLG"

2. 学习笔记

（1）DLG 数据检查，检查哪些方面？
（2）DLG 数据接边，有什么要求？

（3）名字解释：
地图、地形图。

续表

（4）利用 DoubleGrid 软件进行 DLG 产品制作的流程是怎样的？

【任务评价】

序号	评价项目	评价内容	分值	学员互评（40%）	教师评价（60%）
1	专业能力（70分）	能够说出地图与地形图的定义	5		
2		能够说出数字线划图的定义	5		
3		能够说出地形图九大要素	5		
4		能够说出利用无人机航空摄影进行 DLG 的制作流程	5		
5		能够正确整理 DLG 生产所需要的原始资料	5		
6		能够正确创建立体像对	5		
7		能够说出 DLG 地物要素采集原则	10		
8		能够正确进行 DLG 数据进行检查	5		
9		能够正确进行 DLG 数据接边	10		
10		正确采集符合规范要求的 DLG 成果	10		
11	职业素养（30分）	清点、检查、维护工具和耗材，清扫和整理现场	5		
12		严格遵守操作规程，严禁违规作业	5		
13		责任意识，工作态度端正	5		
14		团队合作意识，互相协作良好	5		
15		严谨细致的工作态度	5		
16		规范作业意识	5		
17		精益求精的工匠精神	5		
得分			100		
姓名：		学号：	总得分：		评价人：

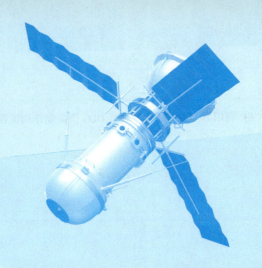

工作任务 8 无人机倾斜摄影测量

 任务描述

根据某区域的倾斜摄影像片（5 镜头航摄成果，分辨率为 3 cm）及像控成果，使用瞰景 Smart3D 2019 软件制作某区域的实景三维模型，将区域内的建筑物采用 SVSmodler2 软件进行单体化，通过 SMeshEditor2 软件对实景三维场景进行修饰，最后将单体的成果数据与实景场景进行融合。

 学习目标

1. 知识目标

（1）了解倾斜摄影的基本原理；

（2）了解倾斜摄影的系统组成；

（3）了解实景三维模型数据生产的基本流程；

（4）了解实景三维模型编辑需要准备的数据；

（5）了解几种常用的数据之间的格式转化方法；

（6）了解实景模型不同数据格式的编辑方法；

（7）了解实景三维模型单体化的操作流程；

（8）了解单体化成果几种格式的相互转化方法；

（9）了解单体化成果和场景数据的融合。

2. 能力目标

（1）能够对原始像片及 POS 数据进行预处理；

（2）能够利用专业软件进行空三加密；

（3）能够利用空三加密成果建立三维模型；

（4）能够说出三维模型输出成果的格式；

（5）能够三维模型的输出；

（6）能说出三维模型编辑的操作流程；

（7）能够说出模型编辑格式的优、劣势；

（8）能够进行模型的编辑；

（9）能够说出单体化建模的方法；

（10）能够进行单体化成果格式的转换。

3. 素质目标

（1）培养学生对照教材自主学习的能力；

（2）培养人文素养、科学素养、职业道德和精益求精的工匠精神；

（3）培养学生的积极性、主动性、创造性；

（4）有理想、敢担当、能吃苦、肯奋斗的职业精神。

 任务分析

生产某区域 CGCS2000 投影坐标系的实景三维模型，需将已有的像控点转刺到照片上，制作出 20 m×20 m 大小的瓦片，并输出 OSGB、OBJ 两种数据格式。依据项目的要求对区域内的建筑物进行单体化建模，模型的精度、成果的命名符合项目的要求，输出 OSGB、OBJ 两种数据格式。将整个场景内的悬浮物、空洞及边缘数据等进行修饰，最终将单体的成果与场景进行融合处理。

 任务实施

8.1 三维模型制作

某区域航摄 5 镜头的影像数据及野外控制点成果，利用瞰景 Smart3D 2019 软件，在室内进行实景三维模型的制作，生产格式为 OSGB 和 OBJ 的三维模型成果。最终得到符合要求的实景三维模型成果。

 训练设备

（1）装有瞰景 Smart3D 2019 软件的计算机一台（独立显卡）；

（2）相关数据包。

配合教材和多媒体资源，完成自主学习。

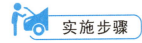

利用畋景 Smart3D 2019 软件进行空中三角测量流程如图 8-1 所示。

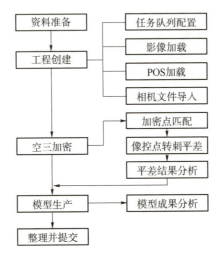

图 8-1　利用畋景 Smart3D 2019 软件进行空中三角测量流程

1. 资料准备

（1）像片数据：某区域 5 镜头航摄成果，分辨率为 3 cm；

（2）POS 数据：5 镜头像片数据共用一组 POS 数据，坐标系为 WGS84；

（3）控制点平面坐标系：2000 国家大地坐标系，按高斯-克吕格 3 度分带投影；

（4）控制点高程坐标系：连接 CORS 获取的大地高，未做高程异常改正。

（5）控制点实地照片：采集控制点时拍摄的点位实地照片，一般应包含一张近景照片和一张远景照片。

（6）POS 格式为照片名、经度（X 坐标）、纬度（Y 坐标）、高程（H）。要求第一列照片名和影像的命名一一对应，整理好的 POS 数据格式为 TXT 或 CSV，如图 8-2 所示，对应的影像命名如图 8-3 所示。

文件(F)	编辑(E)	格式(O)	查看(V)	帮助(H)
DSC00219.JPG	105.70	34.37	13.69	
DSC00220.JPG	105.70	34.37	13.18	
DSC00221.JPG	105.70	34.37	12.71	
DSC00222.JPG	105.70	34.37	11.9	
DSC00223.JPG	105.70	34.37	12.1	
DSC00224.JPG	105.70	34.37	12.02	
DSC00225.JPG	105.70	34.37	12.56	

图 8-2　POS 数据格式

图 8-3　影像命名

2. 新建工程

启动 Smart3D Master 主程序，单击"文件"→"新建工程"，设置工程名称、工程路径、任务队列路径、选择 WGS84 坐标系统，如图 8-4 所示。

说明：

工程名称：一个工程名称代表一个工程，仅包含一组数据，可提交多个空三任务集重建任务，支持保存工程及导入空三操作。

任务队列：是软件存放运行任务及引擎获取运行任务的文件目录，占用空间小，但对磁盘读写速度较高，默认存放于 C 盘，可不修改直接使用；若需要集群运算，则需要将该文件夹制定到共享磁盘。

照片组：提供创建照片组和照片、照片组及 POS 数据导入的接口。支持编辑影像外方位元素及相机内方位元素。

空三任务：创建空三任务，经过解算后可转刺控制点，平差过后，可查看空三报告。

重建任务：空三解算成功后创建重建任务，软件将自动生成带真实纹理的三维网格模型。

软件可采用集群作业模式，提交任务的电脑可以作为运算机进行数据处理，也可只负责提交任务，运算任务由辅机来完成。

需设置任务提交路径，一般在工程创建时完成。辅机（引擎端）任务路径的设置，查找 C:\Users\Administrator\AppData\Local\soarscape 目录，若无法访问 AppData 文件夹，在文件夹查看选项下勾选"显示隐藏的项目"，引擎端路径修改如图 8-5 所示。

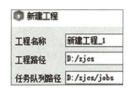

图 8-4　工程创建

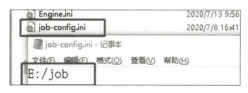

图 8-5　引擎端路径修改

说明：

（1）导入影像可直接导入像片，也可选择像片所在的文件夹，软件会自动将文件夹内的像片全部一次性导入。

（2）导入 POS 文件，导入的所有像片不重名，可一次性导入；若有像片存在重名，可分别选中每组照片，依次导入对应的 POS。

（3）数据属性中，坐标系的选择根据 POS 坐标系统来确定。

位置模式	使用GPS/POS平差
连接点	计算
姿态	计算
位置	计算
焦距	调整
主点	调整
径向畸变	调整
切向畸变	调整
像元长宽比...	保持
像元夹角(s...	保持
颜色一致性...	启用

图 8-6　空三设置及运算

3．空三加密

1）加密点匹配

在工程下面，选择"空三任务"，右击"创建空三任务"，创建参数、空三参数、设置全部默认，直接提交空三任务，设置参数可在工程界面的"属性"查看，如图 8-6 所示。

打开菜单栏的"工具"→"引擎管理"，查看运算引擎，此时引擎未开启，打开 Smart3D Engine 引擎，软件会自动读取任务路径。若未自动读取正确的任务路径，可通过"引擎管理"界面更改任务路径。选择对应的"主机名称"，右击"更改任务队列路径"，完成任务路径的更改，如图 8-7 所示。

	主机名称	引擎地址	引擎版本	CPU使用率	内存使用率	总内存	工程目录	任务队列路径	引擎状
1	dellpc-03	192.168.1.3:10101	试用版 Build:20210226 Ma	6%	3%	127.68 GB		//192.168.1.251/f	Waiting
2	dellpc-04	192.168.1.4:10102	试用版 Build:20210226 Ma	4%	4%	127.68 GB		//192.168.1.251/g	Waiting

图 8-7　引擎管理界面

2）控制点平差

（1）控制点文件导入。

完成的空三，打开折叠箭头，选择"控制点信息"，先设置坐标系，通过"导入格式化文本控制点"导入控制点成果。

控制点文件支持多种文件格式，本次作业，控制点按照点号、X 坐标、Y 坐标、Z 坐标的格式编辑，空格隔开，保存为 *.txt，导入方式同 POS 数据的导入。

（2）控制点转刺。

双击选中某一控制点，右侧界面显示"全部照片"，单击"匹配的照片"，软件自动获取可能存在控制点的照片。查看实地照片，在匹配的照片上完成控制点的转刺。通过"滚轮"放大、缩小匹配的照片；按住鼠标左键，完成影像的拖动；通过"Shift+左键"完成控制点转刺，如图 8-8 所示。

说明：

①若控制点转刺错误，可选中对应的照片，单击"删除"；

②隐藏核线与显示核线，同名像点必定位于同名核线上，通过核线可以快速获取同一控制点在不同影像上的点位；

③同一控制点，转刺3个点位可完成其余点位的精准预测，软件通过已转刺的控制点点位实现未转刺点位的实时计算；

④可实时计算，一次性将所有控制点转刺完成，再进行平差；也可完成四角及中心控制点的转刺，平差后再转刺其余控制点；

⑤使用的照片：是已完成控制点转刺的照片。

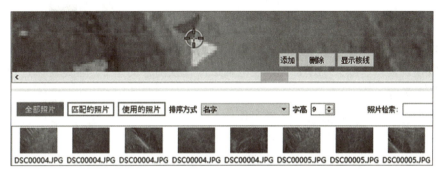

图8-8　控制点转刺界面

3）平差

选中转刺控制点后的成果，右键单击复制空三任务，完成空三成果的复制。复制后，在待平差任务上右键，单击"启动计算"，选择使用控制点平差，其余参数默认，提交空三平差任务。

平差完成后，可在平差任务上单击右键，查看"显示空三报告"，查看平差精度，反投影差小于1个像素，平差结果小于0.8个像素，即符合平差精度评定标准，空三合格，可以完成后续工作，如图8-9所示。

控制点误差								
名称	类型	照片数	粗度(米)	RMS(像素)	RMS(米)	三维误差(米)	水平误差(米)	高程误差(米)
Control Point 2	水平+垂直	10	水平:0.01 高程:0.01	0.0654997	0.0422642	0.00244665	0.00188123	−0.00165432
Control Point3	水平+垂直	24	水平:0.01 高程:0.01	0.349029	0.0449433	0.00693684	0.00621599	−0.00307915
Control Point4	水平+垂直	39	水平:0.01 高程:0.01	0.572954	0.0196007	0.0124798	0.00943765	−0.00816562
RMS				0.372896	0.0347279	0.00776109	0.00622629	0.00463334
中位数				0.255857	0.0374397	0.00482945	0.0042201	−0.000402964

图8-9　控制点平差报告

4. 模型制作

以空三加密成果为基础制作模型，在瞰景 Smart3D 2019 软件中，主要包括任务重建名称、Tile 划分方式、重建数据发布和设置四部分。

在工程树下，将平差空三成果展开，选择"重建任务集"，右键单击"创建重建任务"。

1) 重建任务名称

可自行设置修改，如"QJS1Q"，瓦片坐标系和控制点坐标系保持一致，此处设置为 2000 国家大地坐标系，高斯–克吕格 3 度分带，中央子午线 105°。

2) 瓦片划分方式

瓦片划分方式：选择"水平划分"，包围盒范围可通过"编辑包围盒"进行修改。

瓦片内存设置：一般大小设置为建模电脑最低配置内存的 1/2，避免建模过程中内存溢出，导致任务失败。

瓦片大小：通过瓦片内存设置来确定瓦片大小。

设置瓦片原点：这个设置，一般在多架次数据接边时，为了接边瓦片命名不重不漏，才进行设置。本次任务区面积小，一个空三就可以完成成果的生产，因此瓦片原点不进行设置，如图 8-10 所示。

图 8-10 瓦片划分设置

3) 重建数据发布

发布数据格式：一般通用格式为 OSGB，成果多数用于测图、模型发布等；OBJ 格式一般用于模型精修，本次生产 OBJ 和 OSGB 两种成果。

发布数据位置：默认建模成果的存放位置。

发布数据坐标系：坐标系统和控制点坐标系统一致。

选择需要重建的瓦片：选择需要建模的瓦片，可以通过三维选择窗口选择，也可以不选择，生产所有的瓦片。

设置发布数据坐标系原点：多个区接边，要求多个区共用同一套坐标原点，这个原点的坐标加上模型中的小坐标，才是准确的地理坐标，本次作业选择用户自定义，自行设置该原点坐标，如图 8-11 所示。

图 8-11　重建数据发布设置

4）设置

任务优先级：可以通过"高""中""低"设置来决定任务的优先级。

几何精度：可通过几何精度的设置，改变模型的贴图效果，几何精度越高，占用资源越多，效率越低，模型贴图效果越好，综合项目需求，这里选精细即可。

开启压缩：这里默认不开启，选择"否"。

任务提交后，引擎可以自动读取任务，完成对模型的重建。

说明：

生产的 OSGB 和 OBJ 两种格式的模型，为了便于后期模型的修饰和单体化，在设置参数时，所有参数设置需完全一致。

5. 模型质量检查

根据项目需求不同，检查的侧重点也不同。

1）查看元数据

打开模型成果文件夹下的 .xml 文件，查看成果坐标系与控制点坐标系、项目要求坐标系是否一致，模型发布原点是否合适（在模型需接边、项目设计书明确指定原点坐标时需查看），如图 8-12 所示。

SRS 是空间参照系，可在浏览模块、建模模块、ArcGIS 等软件中查看 "4544" 对应的坐标系统；"565510，3805707，0" 是模型发布原点，不接边，项目没有具体要求，可以直接使用软件默认值。

```
metadata.xml - 记事本
文件(F)  编辑(E)  格式(O)  查看(V)  帮助(H)
<?xml version="1.0" encoding="utf-8"?>
<ModelMetadata version="1">
        <SRS>EPSG:4544</SRS>
        <SRSOrigin>565510,3805707,0</SRSOrigin>
</ModelMetadata>
```

图 8-12　模型元数据示意图

2）绝对精度检查

利用浏览模块或者地形图采集软件（如 EPS、易绘、SV360、MapMatrix3D 等），将控制点、检查点（包括航摄时喷涂的和后期采集的特征点）、对应点位在模型上采集出来，通过比较求其中误差，和精度要求进行比较，查看精度是否满足项目要求。

3）相对精度检查

通过外业实际测量建筑物的高度、长度等，与模型上测量的距离进行对比，检测相对精度是否符合项目设计书要求。

4）纹理映射

检查纹理映射贴图是否符合实际情况，是否由于遮挡出现局部小面积纹理缺失问题。

5）数据完整性检查

查看瓦片、数据完整性（组织结构完整和范围完整）、模型格式是否符合设计书要求。水面漏洞、悬浮物、模型拉花等问题，通过模型编辑、单体化进行处理。

注意事项

（1）实训前要复习课本上有关内容，了解实训的内容及要求。

（2）严格遵守机房及实训室的使用规定。

（3）在使用过程中必须倍加爱护。除了在思想上重视外，在工作过程中还要采取有效措施，以确保实训设备、设施正常工作，杜绝损坏实训设备、设施的事故发生。

（4）每人必须独立进行实训，按要求提交成果。

思考题

（1）无人机倾斜摄影常用的坐标系有哪些？

（2）利用瞰景 Smart3D 2019 软件进行模型制作的流程是怎样的？
（3）瓦片划分方式是怎样的？

8.2　三维模型编辑

采用武汉智觉空间的 SVSMeshEditor2 软件，对实景倾斜三维模型的缺陷进行修饰，提高模型的浏览的视觉效果。

训练设备

（1）装有武汉智觉空间的 SVSMeshEditor2 软件的计算机一台（独立显卡）；
（2）相关数据包。

训练方法

配合教材和多媒体资源，完成自主学习。

实施步骤

利用 SVSMeshEditor2 软件进行模型编辑的内容如图 8-13 所示。

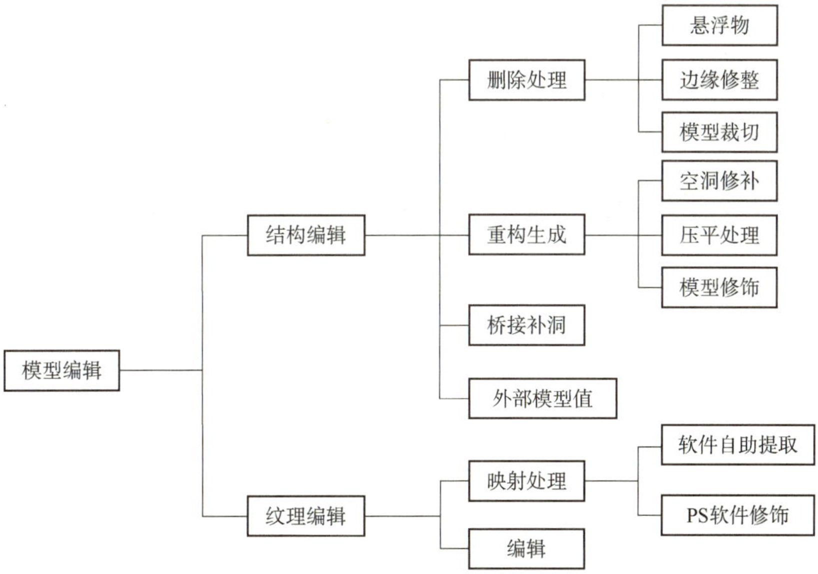

图 8-13　模型编辑内容

1. 资料准备

（1）三维建模软件导出的空三加密成果＊.mxl 文件；
（2）OBJ、OSGB 两种数据格式；
（3）导出的未畸变照片。

2. 新建工程

根据项目需求，数据的打开方式各有不同。OSGB 数据格式，可创建工程打开，也可直接将存放 OSGB 数据的整个文件夹拖进 SVSMeshEditor2 软件进行编辑。OBJ 数据格式必须以工程方式打开，否则只能逐瓦片打开编辑，且在编辑过程中部分操作命令无法实现。

1）实景编辑 CC 工程创建

（1）打开软件，在菜单栏中打开"新建空三工程"命令，在主界面菜单栏下单击"导入"命令，导入倾斜摄影空三提供的工程＊.xml 文件，如图 8-14 所示。

（2）数据导入完成后，更改影像的存放路径（倾斜空三提供的未畸变的照片）。影像路径更改完成后，在主菜单下拉命令条中导出＊.svp 工程，创建＊.svp 工程完成，如图 8-15 所示。

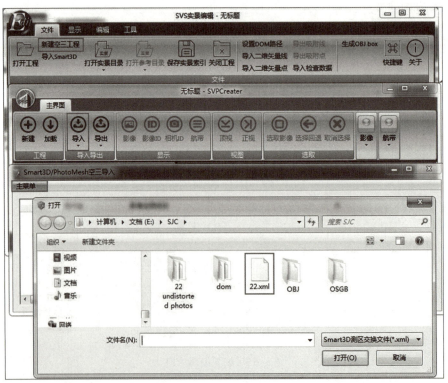

图 8-14　工程创建

图 8-15　影像路径更改

（3）工程加载完成后，在"文件"菜单下"打开工程"（创建的 *.svp）进行工程设置，将数据格式设置在对应路径下，单击"确定"，如图 8-16 所示。

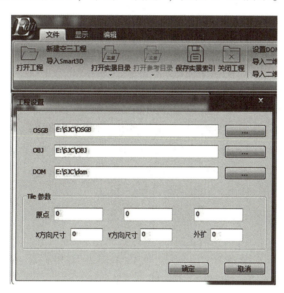

图 8-16　工程设置

2）实景编辑空工程创建

（1）在文件界面下找到"新建空三工程"，主界面"新建"→"新建工程"输入对应的工程名和工程存放路径后单击"确认"命令。

（2）对已有数据进行路径设置，两种数据格式需对应。也可依据需求选择需要编辑的数据格式进行编辑。

3）实景编辑-精编模式切换

精编模式即 OBJ 格式，单击"选择块"命令（软件默认是全选），按 ESC 键取消全选。被选中的块显示红色，未被选中的块显示蓝色。根据需求用鼠标左键单击进入精编模式，选好后，单击鼠标右键隐藏未被选中的块，如图 8-17 所示。

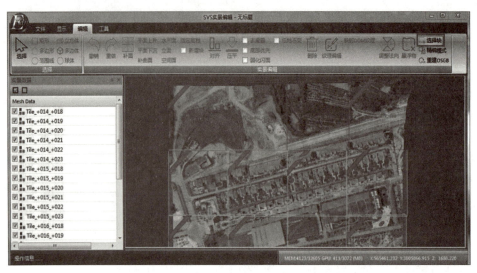

图 8-17　精编模式瓦片选择

3. 结构编辑

删除处理包括：悬浮物删除、数据边缘修整、模型裁切。

（1）悬浮物删除：实景三维模型生产中，如电线塔、电线杆、电线、塔吊等细小有镂空的地物，无法构成连续的三角网，会出现部分地物悬浮、镂空现象，对产生的悬浮物进行删除。不同的数据格式删除处理的操作方法不同，操作方法如下：

①OSGB 模式中悬浮物的删除在编辑命令下"选择"工具中，找到相应工具，利用"矩形"或"多边形"圈选场景中的建筑物范围，"立方体""多边体""球体"用于立体选择，如图 8-18 所示。

②需处理的数据进行范围选择后，用"实景编辑"菜单栏下的"悬浮物"删除命令，右击删除悬浮物，如图 8-19、图 8-20 所示。

图 8-18　悬浮物立体选择

图8-19　悬浮物选择及删除前

图8-20　悬浮物删除后

③OBJ格式的编辑需进入精细化编辑模块进行处理，使用实景模型编辑命令条下的"悬浮物"命令实现一键悬浮物删除。

（2）数据边缘修整：三维模型生成中，实际生产模型面积要大于项目合同面积，提交成果按项目需求范围裁切删除边缘效果较差的模型。

使用选择工具按范围对边缘的数据进行包围选择，选择后删除多余部分，如图8-21、图8-22所示。

图8-21　边缘修整前

图8-22　边缘修整后

（3）模型裁切：实景三维模型数据因使用领域的不同，部分项目要求精细化程度高，若实景模型不能满足项目需求，需对模型进行重构，重构后的模型要与场景进行融合，实现利用目的。

①OSBG数据格式对单独模型推荐立体模式选择处理，工具有"立方体""多边体""球体"，根据需求选取工具，如图8-23所示。

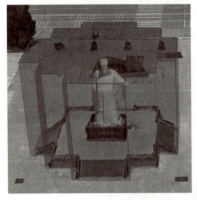

图8-23 立体选择

②使用"Delete"键删除所选物体，对删除的物体底面进行补洞操作，将重构的模型数据与场景进行融合。

说明：独立地物删除使用OSGB数据进行编辑（Shift+鼠标左键，上下移动面；使用Ctrl+鼠标左键，左右移动面），连片建筑物使用OBJ数据进行精细化编辑。

③OBJ格式的数据进行精细化编辑（进入方式前面已提到），使用选择工具下的操作命令，选中需要删除的建筑物，对删除物体的底面进行补洞，完成后放入重构的模型与场景进行融合处理。

四种选择方式：

a. "拉框"为矩形选择工具；

b. "多边形"为多边形选择工具；

c. "流线"为自由选择工具；

d. "多边体"为多边体选择工具。

所有选择方式均为透视选择（会把被选择面区域内的场景都选择出来）。

说明："精确选择"勾选之后，用选择工具选择当前视角可以看见的面，当前视角看不见的面不会被选中；"扩展选择"勾选之后再用选择工具选择时，会把同一方向的面一起扩展选中，法线方向不同的面，则不会被选中；"只显示选中集"勾选之后，只显示被选中的面，没有选中的面则被隐藏；"填充选择区"用于填充选择区中未被选中的区域仅可填充四周面，如图8-24所示。

1) 重构生成

模型空洞的修补、模型压平处理、模型的修饰几部分内容。

（1）空洞修补：因航摄死角在建筑物等区域出现的空洞、水面、大面积的玻璃墙等弱纹理区域无法重构三角网导致的空洞；栅栏、栏杆、薄墙体等易穿透的物体形成的空洞，处理这些空洞必须进行三角面的重构，使用补洞工具进行操作。

①OSBG模式中将需要补面的区域选取合适的选择工具选出范围，单击"补面"。补面的方式有"补曲面""水平面""空间面"，单击鼠标右键，完成补面操作，如图8-25所示。

三种补面方式：

a. "补曲面"根据范围进行补面；

b. "水平面"选取一个点确定基准面；

c. "空间面"选取三个点确定基准面。

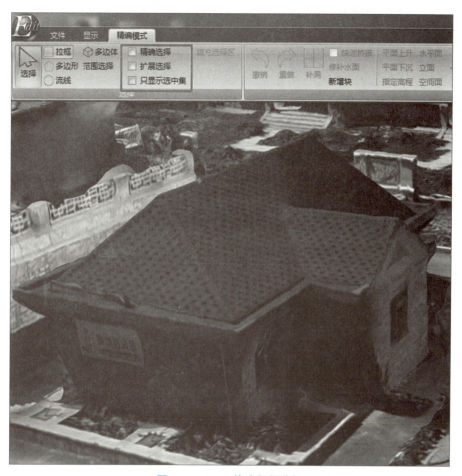

图 8-24　OBJ 格式数据选择

图 8-25　补洞前、后

　　②OBJ 格式的数据对于补洞只能逐瓦片进行，选中需要补洞的瓦片，单击"实景编辑命令"下的"补面"工具进行补面操作（可补的洞显示黄色，将鼠标移动到黄边界包围范围内，黄色边变成红色，单击鼠标左键完成补洞操作），补完后是无纹理的三角面，需要进行纹理映射、编辑，如图 8-26 所示。

　　（2）压平处理：选中需压平的对象，单击"压平"命令根据压平对象选择"水平面""垂直面"或"空间面""指定高程"等命令，确定需对准的基准面，拾取基准面后，单击鼠标右键可压平到对应的基准面上，如图 8-27 所示。

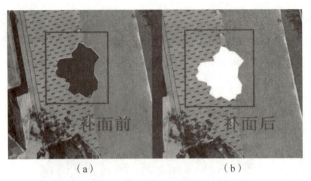

图 8-26　OBJ 补洞前后对比

（a）补面前；（b）补面后

图 8-27　压平前后对比

（a）压平前；（b）压平后

不同模块具体操作方法：

①水平面：拾取压平物周围地面任意一点，确定基准面，根据需求勾选"去重叠""底面优先""弱化闪面""低地不变"等功能。

②空间面：拾取压平物周围三处地面点确定一个基准面，压平根据需求勾选"去重叠""底面优先""弱化闪面""低地不变"等功能。

③垂直面：需用"立方体""多边体"或"球体"包裹选择立面，拾取两个点确定基准面（平面压平无法使用），使用时必须勾选"对齐到平面"功能。

④指定高程：输入高程数值确定基准面。

说明：OBJ 数据的处理方式与 OSGB 处理方式一致，不再赘述。

（3）模型修饰：三维模型生产中，受航摄分辨率、航摄角度等因素的影响，部分建筑物墙线会出现圆角的现象，需对建筑物的墙线进行拉直重构处理。软件中对 OBJ 数据进行编辑时可以使用墙线拉直的方法绘制墙线，使用墙线拉直命令后软件会自动重构墙线处的三角网。单击鼠标左键选取墙线两端的两点，若只需一段墙线，选取好之后，直接单击鼠标右键确认拉直；若需多段墙线一起拉直，可继续单击鼠标左键选取墙线两端的两点，选取好所有墙线之后，再单击鼠标右键确认拉直，如图 8-28 所示。

2）桥接补洞

修补有角度的空洞或者两个瓦片之间的空洞，编辑的数据格式为 OBJ 数据。选择需编

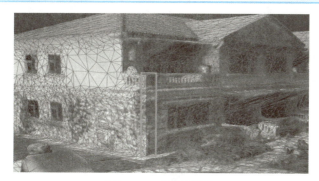

图 8-28　建筑物修饰

辑的块，单击实景命令条下的"桥接"工具，白色三角网显示的瓦片为未选中不能编辑的瓦片，对选中的瓦片进行桥接操作，完成后选择实景命令条下的"补洞"命令执行补洞。可以修补的洞以黄色线包围显示，鼠标左键单击范围内完成操作（按住键盘上的 Ctrl 键将鼠标放在地面上选取地面的高程，再单击需桥接地方出现桥接点，建议加两个点，然后进行桥接操作，完成退出"桥接"命令），如图 8-29 所示。

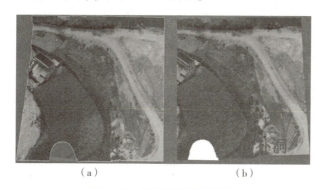

（a）　　　　　　　　　　　（b）

图 8-29　精细模型桥接补洞

（a）桥接；（b）补洞

3）外部模型植入

选中不易编辑成型的模型将其进行删除或者压平后，将模型素材库中的相似的模型通过"模型"命令加载到列表中，再加载到相对应的位置进行调整，外部模型也可以是整个场景中较好的模型提取保存的数据，如图 8-30 所示。

图 8-30　模型植入

4. 纹理编辑

映射处理：包含软件自动提取影像纹理和借助第三方软件 PS 进行修饰。

1）自动纹理映射

在 OBJ 格式的数据中，选出需要映射纹理的范围，可从 DOM 进行映射纹理，依据正射影像为模型映射纹理；也可依据 OSGB 数据映射纹理；还可从空三影像中进行纹理的映射，三者得到的结果一致。

2）PS 软件修饰

联动 PS 软件进行处理，纹理修补完成后直接更新纹理，纹理路径保存在软件安装目录下。在实景编辑命令下，单击工具栏的"纹理编辑"，打开 Photoshop 软件进行纹理修饰，保存更新纹理，修改后的纹理可将原有的纹理贴图进行替换，在纹理编辑前需要设置 Photoshop 软件的存放路径，如图 8-31 所示。

图 8-31　纹理编辑方式

5. 数据格式转换

精编模式（OBJ）编辑完成后，需要将精编模式中编辑后的瓦片进行"重建 OSGB"操作，将编辑改动后的瓦片同步成 OSGB 格式（OSGB 格式下的编辑无法同步到精编模式里面 OBJ）。保存修改完成的 OBJ 数据后，单击"常规模式"回到 OSGB 编辑界面。单击"重建

OSGB" 选项，列表上出现的瓦片都是经过精编模式编辑后的瓦片，工程列表下打钩的瓦片是在精编模式下编辑过瓦片，单击"处理"开始重建 OSGB。批量重建 OSGB 格式数据不需要加载工程，选择好路径进行转换，转换耗时较长。将转好格式的数据移动到大场景数据文件中，任务完成。可通过浏览软件进行数据查看，转换设置，如图 8-32 所示。

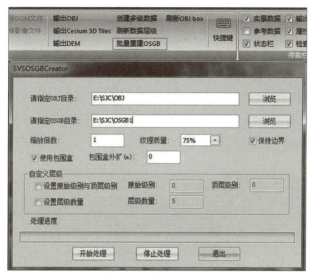

图 8-32 格式转换

（1）实训前要复习课本上有关内容，了解实训的内容及要求。

（2）严格遵守机房及实训室的使用规定。

（3）在使用过程中必须倍加爱护。除了在思想上重视外，在工作过程中还要采取有效措施，以确保实训设备、设施正常工作，杜绝损坏实训设备、设施的事故发生。

（4）每人必须独立进行实训，按要求提交成果。

（1）空三成果、OBJ、OSGB 格式模型导入修模软件的操作流程是怎样的？

（2）OBJ、OSGB 两种数据格式的编辑是怎样的？

8.3 三维模型单体化

根据某区域的倾斜三维模型成果，利用武汉智觉空间 SVSmodeler2 单体化软件对倾斜模型进行单体化，最终得到符合项目要求的单体模型成果。

训练设备

（1）装有武汉智觉空间的 SVSMeshEditor2 软件的计算机一台（独立显卡）；
（2）相关数据包。

训练方法

配合教材和多媒体资源，完成自主学习。

实施步骤

利用 SVSmodeler2 软件进行单体化建模流程如图 8-33 所示。

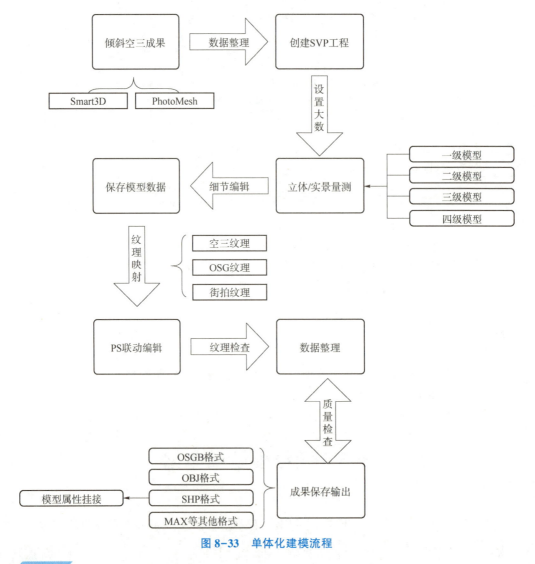

图 8-33　单体化建模流程

1. 资料准备

（1）三维建模软件导出的空三加密成果 *.mxl 文件；
（2）OSGB 格式数据；
（3）导出的未畸变照片。

2. 新建工程

1）数据导入

导入 Smart3D 2019 空三加密的成果，创建单体化工程 *.svp。

目前提供给我们的空三工程是 Smart3D 2019 的工程，整理好数据存放路径后，进行数据导入，单击"导入"命令，如图 8-34 所示。

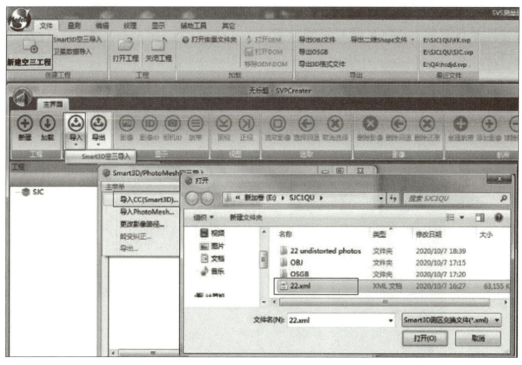

图 8-34　数据导入

2）更改影像路径

工程文件 *.xml 导入后会显示每个相机的参数及影像文件，如前面的主界面所示。更改影像路径：由于 *.xml 工程里面记录的是影像路径，更换影像路径后需重新指定路径。具体操作：右击"相片组"更改影像路径按钮，输入对应像片保存的文件夹，待更改完成后导出 SJC.svp 工程，如图 8-35 所示。

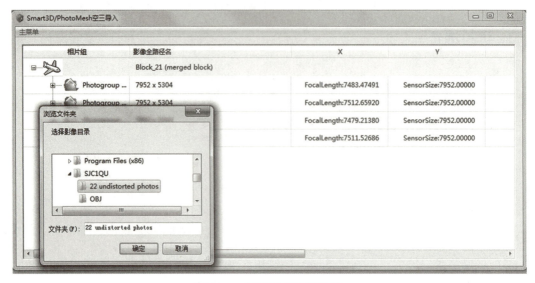

图 8-35　更改数据存放路径

3）单体软件与 MAX 软件联动设置

（1）安装插件前首先安装好 3ds Max 软件，在 SVSModeler2 软件"其他"命令条下单击"安装插件""确定"后提示安装成功，单击"启动 3ds Max"命令启动 3ds Max 软件。

（2）启动 3ds Max 软件后，在 3ds Max 软件下进行设置。在使用程序下的配置按钮，新增一个按钮数，将使用程序中的 SVSMaxPlugin 软件拖到新增的空白按钮里面，单击"确定"。3ds Max 软件右侧的实用程序下单击"SVSMaxPlugin"软件进行连接，如图 8-36 所示。

图 8-36　联动建立

建立联动后，对 3ds Max 软件进行单位的设置，在自定义命令下"单位设置"设置显示单位比例为"米"。

4）捕捉功能介绍

（1）二维捕捉：二维捕捉即捕捉已有几何结构的 X、Y 坐标信息，采用测标计算值；

（2）三维捕捉：三维捕捉已有几何结构的 X、Y、Z 坐标值；

（3）内捕捉：内捕捉主要用于"屋脊房屋"重建过程中，对已经量测的几何信息进行捕捉，从而方便插入约束信息。

5）任务区划分

分配作业范围，为更有效地完成任务。作业区可以人工指定，也可以导入外部矢量线。人工划分范围线，通过工具条作业区栏下的"采集作业区"命令进行划分，可通过"编辑作业区"修改测区的名称和范围等；并可导入外部 dwg 格式数据，如图 8-37 所示。

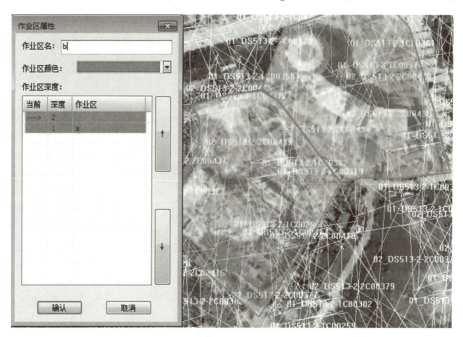

图 8-37　任务区划分

说明：

（1）作业区范围划分可以通过导入 DOM 叠加划分，更加直观；

（2）采集作业范围的功能，只能在切换到测区导航视图才能激活；

（3）设定好作业区后，若勾上"作业区检测"，测量的过程中，光标会在超过作业范围的时候，自动变成无法测量的状态。

3. 结构编辑

1）大数平移

数据导入完成，需要进行大数平移。大数平移是指倾斜空三提供的坐标文件 ＊.xml，目的是在 3ds Max 软件中操作起来更加灵活。

说明：大数是指在做空三瓦片分割时设定的一个原点坐标，这个原点坐标可以是自己设定也可以是软件自动解算的数值，考虑多架次之间的接边需要自己设定，如图 8-38 所示。

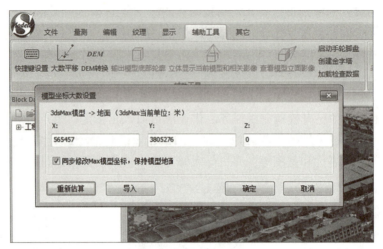

图 8-38　大数平移

2）SVSmodler 常用的快捷键（表 8-1）

表 8-1　SVSmodler 常用的快捷键

快捷键	功能
［z］	影像放大
［x］	影像缩小
［Ctrl］+［z］	撤销
［Ctrl］+［Y］	重做
［Space］空格键	高程锁定
［Enter］	查看多视影像
［Shift］+［S］	矢量线隐藏/显示
［Ctrl］+［S］	保存 Max 文件
［Esc］	退出当前测量
［BackSpace］	回退一步
［Ctrl］	实时直角化
［S］	捕捉开关
［F2］	二维捕捉
［F3］	三维捕捉
［F4］	捕捉设置
［D］	插入屋脊点
［F］	插入屋脊边
［G］	结束屋顶测量

3）模型结构的采集

SVSModeler2 软件建模有两种量测方式，一种是航测法建模，对硬件环境要求比较高，需配置"3D"立体眼镜以及立体显卡显示器等硬件支撑，在立体环境下以"3D"测图的方式进行建筑物的半自动化建模，立体量测的作业方式与数字线划图的生产方式类似，称为倾斜建筑的"3D"测图；另一种是在三维实景 OSGB 下进行量测，无须"3D"立体设配进行全方位的旋转量测，以下分别进行讲解。

（1）采用立体像对量测模型。

立体像对量测模型依据设备需求分为两种量测模式：左右眼立体量测、真立体量测。

①左右眼立体量测。

模型量测界面是建模的主操作界面，在界面上通过立体环境，进行建筑物等模型的人机交互量测。通过立体像对、采集建筑物轮廓，滚动鼠标，贴到地面，拉出白膜。利用软件的捕捉工具，捕捉建筑外轮廓点，确保构建模型的精度（立体的显示有左右眼立体和真立体显示，依据需求自己调试），如图 8-39 所示。

图 8-39　左右眼立体模式量测

②真立体量测。

打开建模工程，在左侧的立体相对列表里选择一个相对，双击打开，然后进行模型量测，如图 8-40 所示。

（2）采用 OSGB 实景模型进行量测。

在工程命令下打开建立好的"SJC.svp"工程，进入工程界面。实景三维 OSGB 格式"打开实景文件夹"加载到工程中。

说明：实景三维的打开选择 OSGB 文件夹，若选择"Data"文件夹坐标会使信息丢失无法提取纹理。

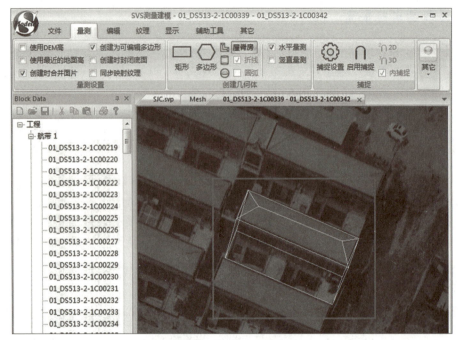

图 8-40　真立体模式量测

导入 OSGB 实景模型，采集建筑物顶部轮廓，滚动鼠标，贴到地面，拉出白膜。建模过程中需要根据建筑物结构特点选择对应的量测工具，量测工具有：矩形房屋、多边形房屋、边模式多边形、屋脊房屋以及用于测量线的多边形线和边模式线。

① 矩形工具的使用介绍。

矩形房屋建模工具主要用于量测建筑物为矩形的主体结构或者建筑物附属结构。

a. 选择创建几何体菜单栏下的"矩形"命令工具；

b. 调节好视差后（只用于立体量测），依次量测屋顶一条边的两个顶点；

说明：优先量测较长的边，有利于提高量测精度；

c. 移动鼠标使对边与房屋边线重合，单击"左键"确认；

d. 移动鼠标到地面，右键单击"结束"，在 MAX 软件下对量测出的模型右键单击"转换为可编辑多边形"。

② 多边形工具。

多边形量测工具主要用于主体结构为不规则的建筑物。

a. 选择创建几何体菜单栏下的"多边形"量测工具；

b. 调节视差（只用于立体量测），依次左键单击量测屋顶外轮廓顶点，建模过程中可使用 Ctrl 键进行实时角度锁定；

c. 右键单击结束屋顶轮廓测量；

d. 移动鼠标到地面，右键单击结束，在 MAX 软件下对量测出的模型右键单击"转换为可编辑多边形"。

说明：若量测建筑物体轮廓并非单纯的多边形，需要灵活切换多边形线的类型，比如圆弧、样条曲线来完成外轮廓的量测。

利用"矩形、多边形"绘制出房屋主体，采用 Max 软件中的"移动、插入、挤出、缩放"等工具进行制作出建筑物，如图 8-41 所示。

图 8-41　规则建筑物采集

③屋脊房工具。

脊房屋建模工具应用于屋脊不规则的房屋。

a. 选择创建几何体菜单栏下的"屋脊房"量测工具。

b. 调节视差（若外轮廓在同一高程面需高程锁定），"左键"依次量测屋顶外轮廓顶点，"右键"结束外轮量测。

c. 观察构网情况，若屋脊（类似于山脊线）未生成结构线，则需要在内部添加约束信息；若构网未满足实际房屋几何结构，则根据情况插入两种约束信息，在插入约束信息时打开捕捉工具进行操作。

d. 移动鼠标到地面，"右键"单击结束，在 MAX 软件下对量测出的模型右击"转换为可编辑多边形"。

选择"屋脊房"量测建筑物的主体，打开捕捉（二维捕捉-设置边最近点），调整高度绘制人字形，拉出房屋的高度，如图 8-42 所示。

图 8-42　屋脊房的采集

④圆柱体工具。

测量屋顶为圆形的圆柱、圆锥、圆台。

a."左键"依次测量屋顶或者屋底圆周的三个点，量测第一点开始后默认状态下将打开高程锁定；

b.调节视差，直到切准圆柱另一边，"左键"确认。

⑤球体工具。

"左键"依次量测大圆上4个点，量测第一点后将自动打开高程锁定，量测第三个点后自动关闭高程锁定。

小结：实景三维中量测的方法及工具和立体量测模型中的操作类似，区别在于实景三维中可任意旋转角度浏览，更加直观。在作业当中可根据具体情况进行操作。

4. 纹理映射及编辑

1) 纹理映射

量测完成后将所有的附属结构都附加到主体上，右击转化为可编辑多边形后，进行模型的纹理映射。纹理可以批量映射，也可以进行联动映射。批量映射是模型停止编辑后整体一键映射，同步映射纹理是在量测过程中软件自动联动到的影像进行映射纹理，这种同步操作一般不采用。纹理映射之前需保存 Max 文件，再进行映射。选中需要映射的模型（可以选择一个或者多个同时进行），单击"提取纹理"命令进行批量贴图。

2) 纹理编辑

若纹理出现遮挡或者色彩不符合要求，可使用纹理编辑功能。使用纹理编辑之前，需先进行"提取纹理"否则会出现异常。

（1）单击"纹理编辑"命令按钮，进入"贴图纹理纠正"窗口；选中模型或者选中模型的某个面进入"纹理编辑"，如图 8-43 所示。

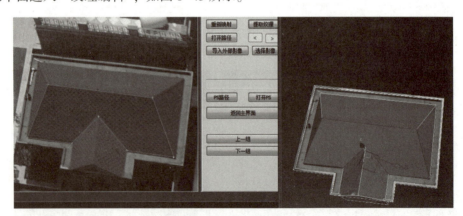

图 8-43　纹理编辑

（2）选择纹理影像时，可在"多视影像"命令窗口进行影像的挑选，"多视影像"以鼠标中心位置搜索所有相关的影像，然后按照优先级列出来。

①鼠标落在纹理顶点附近，自动拾取顶点，左键按下并移动鼠标，即可调整顶点；

②框选纹理范围线，鼠标移动到面中心的绿色圆点附近，左键按下并移动鼠标即可移动整个平面；

③按住 Ctrl 键，选中纹理边线，鼠标移动到边附近，自动拾取，左键按下并移动鼠标即可移动整边；

④当各个顶点都对应正确后，选择"提取纹理"命令即可完成被选中表面的纹理提取。

（3）检查纹理贴图，若需进一步处理，设置 Photoshop 软件路径，打开 Photoshop 后进行处理，如图 8-44 所示。

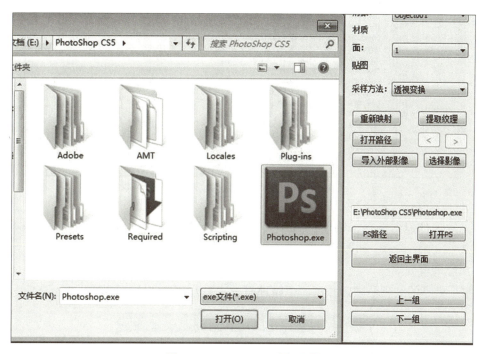

图 8-44 PhotoShop 路径设置

说明：在 Photoshop 里只能进行色彩方面的处理，不能修改纹理图片的长宽比例，否则纹理坐标会出现异常。

在实际生产过程中，因项目要求高等因素，可在建筑物量测完成后，采用外业手工拍摄的照片进行处理后对量测好的建筑物进行贴图，使模型更加地贴近现有状态。

5. 检查工具使用

（1）"删除纹理"可将自动提取的纹理全部删除，整个建筑物还原到初始化白膜阶段，根据建筑物外观的纹理进行贴图处理；

（2）"剔除无关纹理"可将文件夹中与模型无关的纹理贴图自动删除；

（3）"检查纹理"此操作是模型贴图的检查工具，将模型选中单击"检查纹理"，弹出的对话框就会对检查结果进行分类显示，可依据提示进行修改纹理或者修改模型，如图 8-45 所示。

图 8-45　检查工具使用

（4）纹理的设置命令，贴图的大小要求都是 $2N$ 进行设置（4、8、16、32、64、128、256、512、1 024……），如图 8-46 所示。

（5）纹理合并。

将整个模型的纹理贴图合并到一个纹理面板，为方便整理纹理数据。

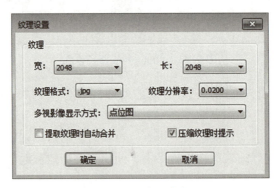

图 8-46　纹理命名

6. 模型及纹理的命名

1）重命名模型

使用"重命名模型"命令，可批量或单个对场景内的建筑物进行命名。模型的命名必须按照项目要求进行合理的命名，模型的命名如："Tile_MX0001"，需注意模型的附属结构以及一个完整的院落做完后必须附加到一起形成一个完整的建筑物，须遵循建筑物与名称一一对应，如图8-47所示。

2）纹理贴图的重命名

使用"重命名纹理"，可批量修改材质和纹理名称，纹理的命名和模型的命名一致，根据项目要求进行合理命名，都以字母和数字的组合方式命名，依据需求添加前缀，除默认的符号外，不能添加其他符号，例如："QJS_00001"，如图8-48所示。

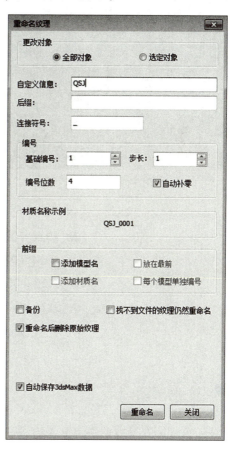

图8-47　模型命名　　　　　　图8-48　模型重名命

7. 成果数据输出

模型以 Max 格式保存，软件提供导出的文件格式有 OSGB、OBJ 两种，可依据后期平台的要求对数据进行输出，使用格式转换工具对模型进行成果格式的转化，如图8-49所示。

8. 场景融合

将转换合适的数据格式直接放入实景三维场景文件夹，通过浏览软件查看数据成果，如图8-50所示。

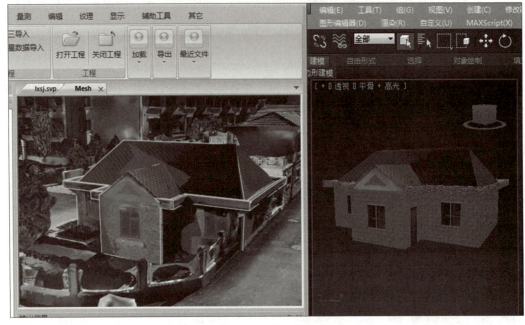

图 8-49　成果输出

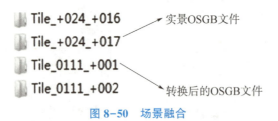

图 8-50　场景融合

 注意事项

（1）实训前要复习课本上有关内容，了解实训的内容及要求。

（2）严格遵守机房及实训室的使用规定。

（3）在使用过程中必须倍加爱护。除了在思想上重视外，在工作过程中还要采取有效措施，以确保实训设备、设施正常工作，杜绝损坏实训设备、设施的事故发生。

（4）每人必须独立进行实训，按要求提交成果。

思考题

（1）基于 3ds Max 进行单体化，导入数据后，发现拖动困难，是什么原因引起的？

（2）单体的成果和实景成果融合后，发现坐标位置不合适，一般是什么原因引起的？

【工作依据】无人机倾斜摄影测量

1. 倾斜摄影测量相关理论知识

1）倾斜摄影测量的术语及定义

倾斜摄影测量：通过飞行平台搭载一台或多台影像传感器，从多个不同视角同步采集像片，通过丰富的地表信息制作测绘产品的过程。

瓦片：实景三维建模通常会将三维成果划分为规则栅格，每个栅格就是一个瓦片。

2）倾斜摄影测量原理

通过在同一飞行平台上搭载多台传感器，同时从垂直、倾斜等不同角度采集，得到高分辨率的像片，同时结合无人机飞行平台搭载的 GPS/IMU 系统获取 POS 数据，经数据处理软件制作得到数字表面模型（Digital Surface Model，DSM）、数字真正射影像（True Digital Orthophoto Map，TDOM）和实景三维模型等成果。

3）倾斜摄影系统组成

（1）飞行平台。

倾斜摄影技术在摄影方式上区别于传统的垂直航空摄影，飞行平台需满足以下条件：

①能够搭载多镜头摄影相机；

②能够低空飞行；

③飞控支持多相机同时拍摄。

（2）倾斜摄影相机。

用于倾斜摄影的相机有单镜头、多镜头，多镜头相机有双镜头、三镜头、五镜头等。为了实现对地面物体的全方位、全角度拍摄，无人机搭载单镜头、双镜头、三镜头相机主要通过旋转及重复航线飞行方式，搭载五镜头及其他更多镜头相机一般以传统航线飞行。

相机的性能指标主要有以下几项：

①单相机像素——倾斜摄影相机是由多个朝向不同角度的单相机组成的，通过采集不同角度的图像数据，来获取倾斜摄影建模的像片，单相机像素决定了单角度数据的采集能力。

②相机总像素——总像素是多镜头相机非常重要的指标。五镜头相机计算五个朝向相机合计的像素总数，双镜头等相机按照曝光模式来决定总像素，例如双镜头旋转曝光，一组拍摄四张，则按照（单相机像素×4）来计算总像素，双镜头摇摆式曝光，一组拍摄 6~8 张，则按照（单相机像素×6）或（单相机像素×8）来计算总像素。

③画幅大小——画幅指的是传感器尺寸，在同高度使用同焦距的镜头来进行航摄，画幅越大，采集到的地面面积则越大。

④镜头焦距——航测相机焦距调焦到无穷远，镜头采用长焦距，保证无人机在相对航高几百米时，仍能获取高分辨率地面影像。倾斜摄影相机的焦距多采用 10.4 mm、16 mm、25 mm、35 mm、50 mm 等，一般推荐定焦 25 mm、35 mm、50 mm 镜头。

⑤整体质量——倾斜摄影相机的单相机数量越少，整体质量越轻，因此，双镜头对比五镜头在产品质量上占有一定的优势。倾斜摄影技术发展初期，采用相机集成的方式获取多镜头，现在部分厂商在单相机减重拆解上不断进行探索，使得五镜头相机质量越来越轻。

（3）数据处理软件。

影像数据处理软件是倾斜摄影三维建模的重要部分，它利用倾斜航摄的像片，通过空三加密、控制网平差、多视密集匹配、三角网模型构建、纹理映射等步骤生产实景三维模型、TDOM、DSM 等成果。

目前，用于生产实景三维模型的软件有很多，如 Pix4D Mapper、Bently Context Capture（Smart3D）、Skyline – PhotoMesh、Agisoft PhotoScan、PhotoMod、Mirauge3D、Smart3D2019、DP–Smart、大疆智图（DJI Terra）、Virtuoso3D、重建大师、nFrames SURE、Inpho 等。

4）倾斜摄影测量作业流程

倾斜摄影测量作业流程如图 8-51 所示。

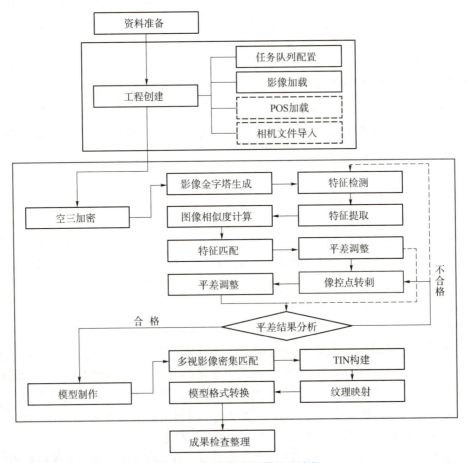

图 8-51　倾斜摄影测量作业流程

（1）资料准备。

①像片数据：多种采集手段获取的多源数据。对无人机倾斜摄影测量来说，主要是低空航摄获取的倾斜数据、贴近摄影测量获取的近景数据、激光雷达和三维激光扫描仪及手持数码相机补拍的数据。

②POS数据：记录相机曝光时的位置和姿态。针对目前设备来说，POS是直接写入像片中的，如大疆获取的像片；部分则以单独文件存在。按照POS精度来说，有非差分数据和差分数据，差分POS精度较高，目前主要有实时差分和后差分两种形式。

③相机参数：相机检校报告包含准确的相机参数，包括焦距、传感器尺寸、像元大小、像幅等。如无检校报告，可利用部分空三软件的自检校功能获取近似参数。

（2）工程创建。

新建工程并导入影像和POS数据，设置任务路径，完善相机参数。

（3）空三加密。

解析空中三角测量是用摄影测量解析法确定区域内所有像片的外方位元素及加密点坐标的过程。

①影像金字塔生成：是指由原始影像按一定规则生成的由细到粗不同分辨率的影像集的过程。金字塔层级就是影像集的层数。影像金字塔创建的目的：①生成金字塔索引，便于在调用局部影像时快速显示；②便于特征检测、提取等后续空三加密的各个环节，都是从高层逐层计算到0层。

②特征检测：提取图像特征点信息。特征检测的结果是把图像上的点分为不同的子集，这些子集往往属于孤立的点、连续的曲线或者连续的区域。特征检测常用的方法有：

a. 基于模板的方法。

利用参数模型或模板来检测特征点的工作。构建各种不同的参数模型或模板，常用来检测具备特定类型的特征点，计算速度较快。

b. 基于边缘的方法。

把多边形的顶点，或曲率变化较大的物体边缘上的点作为特征点。因此特征点是物体边缘的集合，对提取算法要求很高，如果边缘定位出现偏差，就会对检测结果造成很大的影响。

c. 基于灰度的方法。

利用像素点灰度的局部变化来进行探测，特征点是建立在某种算法上的，灰度变化最大的像素点为特征点。可以利用微分运算来求取像素点周围灰度的导数，以此求出特征点的位置，该方法的缺点是噪声较大。

d. 基于空间变换的方法。

利用空间变换获取特性比较容易辨识的特征点，然后在变换空间中进行极值点的检测。通常空间分为尺度空间、频率空间、小波空间等。尺度空间是指在曲率尺度或DOG尺度空间，将搜索到的绝对值最小或最大的点作为特征点；频率空间是指将计算得到的局部相位或特定相位最大值当作特征点；小波变换是利用小波系数的局部极大值，利用最佳尺度进行极值点检测。

③特征提取。

从原始特征中找出最有效的特征点。

④图像相似度计算。

主要对两幅图像之间内容的相似程度进行打分，根据分数的高低来判断图像内容的相近程度，也被称为影像相关。图像相似度计算的几种方法：

a. 直方图匹配。

这种思想是基于简单的数学上的向量之间的差异来进行图像相似程度的度量，是目前用得较多的一种方法。

b. 数学上的矩阵分解。

图像本身就是一个矩阵，采用矩阵理论和矩阵算法对图像进行分析和处理，得到表征该图像矩阵元素值和分布的具有鲁棒性特点的特征，通过得到的特征对图像的相似度进行计算。

c. 基于特征点的图像相似度计算。

特征点表征图像中比较重要的一些位置，如果相似的角点数目较多，则认为两幅图像的相似度较高。

⑤影像匹配。

从左右影像上提取同名像点的过程。从影像中提取的特征作为共轭实体，而将所提特征属性或描述参数（实际上是特征的特征，也可认为是影像的特征）作为匹配实体，通过计算匹配实体之间的相似性测度以实现共轭实体配准的影像匹配方法。影像匹配的方法有灰度匹配和特征匹配。

⑥控制点转刺。

在空三软件中将控制点转刺到航摄像片对应的位置上，这一过程称为控制点转刺。

⑦平差。

平差分为无约束平差和约束平差，各种平差方式的功能描述如表8-2所示。

表8-2　各种平差方式的功能描述

平差方式	功能描述
自由网平差	平差不用任何辅助元素，使用连接点将所有影像连接成一体，解出的物方坐标是虚拟坐标，是相对于第一张影像的相对值，由于没有约束，平差可能会出现弯曲现象
POS平差	平差过程除使用连接点外，还使用了输入的POS数据。POS的用途：为影像提供初始的外方位元素值；作为自由网的约束条件，将自由网平差到POS坐标系下，即相对坐标。精度较差，一般为米级或米级以下
GPS平差	平差过程除使用连接点外，还使用了输入的GPS数据，精度较高，一般可以达到厘米级精度。GPS的用途：为影像提供初始的外方位元素值；作为自由网的约束条件，将自由网平差到GPS坐标系下，得到高精度的相对坐标。此时相对坐标和绝对坐标相差不大，根据项目要求，在误差允许范围内，成果可以直接使用
GPS+控制点平差	平差过程除使用连接点外，还使用了输入的GPS数据和控制点数据，GPS提供高精度的相对坐标，控制点提供更高精度的绝对坐标。两者同时使用，可以在同等精度条件下，大量减少控制点数量，通过设置权重，达到符合项目精度要求的目的
控制点平差	平差过程除使用连接点外（如有POS则在相对定向时使用），还使用了控制点作为平差约束条件，将获取的相对坐标系成果转到控制点坐标系下，一般根据不同比例尺，要求的控制点数量较多
控制点刚体配准	参考控制点对区块进行刚性配准，不做几何变形的纠正，在控制点不精确时使用（一般不使用）

⑧平差结果分析。

分析平差结果的可靠性及精度，常用的几种方法如下：

a. 通过平差报告查看平差结果；

b. 通过导入检测点检测空三精度；

c. 在第三方软件中，恢复立体像对，导入检测点，在立体环境下检测空三精度；

d. 利用高精度地形图、正射影像成果，结合恢复的立体像对，检测空三精度。

（4）模型制作。

①多视影像密集匹配。

在生产 DSM/DEM 时，为了计算测区每个物方点三维坐标，从而重建整个测区地形而进行的同名点匹配。

倾斜摄影测量的特点是通过多个不同角度对待测地物进行拍摄，采用多视影像匹配通过大量冗余影像信息来解决影像匹配中存在的匹配错误问题，可在一定程度上解决被测物体出现遮挡的问题。

②TIN 构建。

通过匹配得到的特征点，把实际的地形表面连接成互不交叉、互不重叠的三角形，构建区域 TIN 模型，也称为白模。

③纹理映射。

纹理映射是将地物实际的二维图像纹理映射至三维 TIN 模型，提升三维模型的真实感。

a. 纹理映射原理。

通过一种合适的算法为待映射模型表面上的所有顶点赋彩色值，工作过程中将二维图像映射至三维模型，从而使模型具有真实感。

b. 纹理映射方法。

纹理映射主要依据共线方程，即摄影测量基础理论中的物像空间中的物点、纹理影像空间中的像点和投影中心这三点共线。依据共线方程与影像的外方位元素将三角网上的三个点坐标投影至影像的像方坐标系中，计算出三个投影点的纹理坐标，通过这个三角形在二维影像上形成的区域将所需的纹理投影至三角网上，最后通过处理筛选多幅影像内的纹理选出贴近现实的模型纹理。

纹理映射的方法有正向映射和反向映射。

正向映射：是根据平面影像定义出二维纹理函数，通过映射函数转化为三维物体表面，经过投影变换得到纹理映射成果。

反向映射：该方法又称作屏幕空间到纹理平面的映射，主要原理是通过一种先后顺序去访问并获取屏幕空间的每一个像素坐标信息，最后将颜色等属性信息赋予像素上。

（5）成果检查整理。

成果检查整理如表 8-3 所示。

5）实景三维模型常用的格式

OSGB：常用的一种三维模型存在格式，以二进制存储的、带有嵌入式链接纹理的数据。数据量比较大、文件碎、数量多、金字塔级别高、浏览较顺畅，平台展示和裸眼采集使用此格式。

OBJ：该文件包括三个子文件，分别是 .obj、.mtl、.jpg，除模型文件，还需要 .jpg 纹理文件，模型修饰采用这种格式。

3ds：是 3ds Max 建模软件的衍生文件格式，可与其他建模软件兼容，也可用于渲染。

DAE：谷歌地球模型采用这种格式。

DGN：是 Bentley 公司推出的软件中常用的一种格式，通常被称为 V7 DGN 或 V8 DGN。

表 8-3　成果检查整理

检查项	检查内容	实景项目规格指标
元数据	查看数据文件夹下元数据文件是否完整	要求有 .xml 文件
模型精度	平面精度、高程精度、地物边长精度、像片分辨率	精度符合设计书要求
纹理映射	纹理是否完整、合理	与实际纹理是否一致
数据完整性	数据格式和文件组织形式是否和技术设计书要求一致	模型格式为项目合同要求格式
	数据文件夹是否完整，有无损坏、丢失	要求数据文件和坐标文件齐全
时间精度	检查像片获取时间（现势性）	和技术设计书要求一致

2. 三维模型编辑

1）模型编辑的对象

倾斜摄影实景模型是在 TIN 模型上通过纹理映射生成的地表模型，是包含了地表所有地物的"一张皮"模型。模型编辑的实质是对 TIN 模型及其对应纹理的编辑。

2）模型编辑的内容

三维模型编辑的内容分为结构编辑和纹理编辑。结构编辑分为删除处理、重构生成、桥接补洞、外部模型植入四部分内容；纹理编辑包括纹理的自动映射及其他编辑处理。

（1）删除处理：删除对象有模型底部的碎片、测区范围外多余的数据、悬浮的植被以及道路上明显的漂浮物，如残留的指示牌、路灯、树干等。

（2）重构生成：模型是点云构成的三角面，由于特殊原因的存在，会出现不符合现状的面，需要对其编辑重构。

（3）桥接补洞：桥接补洞是对两个单独的物体通过搭建线（面）将其连接在一起。软件自动生成的实景三维模型因像点匹配不当等因素造成的空洞，瓦片裁切当中有时会将空洞分到两个瓦片上，被裁切到两个瓦片上的空洞需要进行桥接处理，桥接时只能逐个瓦片进行，不能跨瓦片操作，桥接完成后再进行补洞。

（4）外部模型植入：自动生成的三维数据场景中，有些小品（垃圾桶、路灯、运动器材、电线杆等）或者植物会出现变形不易处理现象，将这些不易处理的数据进行编辑删除后，将模型库中结构相似的模型数据植入场景中，使整个场景更加真实美观。

（5）纹理映射：模型编辑、修补之后对编辑区域内的纹理进行贴图，通过纹理映射的方法来实现。采用倾斜空三导出的未畸变像片利用软件自动匹配技术来实现，自动匹配过程中，若匹配的影像角度有偏移或纹理有瑕疵，需手动挑选最优像片或对已匹配好的像片进行编辑和修饰，提升倾斜三维模型的整体感官效果。

3. 三维模型单体化

1）单体化的定义

把需要单独管理的对象（如房屋、路灯、树木等）从倾斜摄影所构建的立体模型中分离出来，形成单独管理的模型的过程。

2）单体化的解决方法

（1）切割单体化。

用建筑物、道路、树木等对应的矢量面，对倾斜摄影模型进行切割，也就是把连续的三角面片从物理上分割开，从而实现单体化模型。

（2）ID单体化。

利用三角面片中每个顶点额外的存储空间，把对应的矢量面的ID值存储起来；一个建筑所对应的三角面片的所有顶点，都存储了同一个ID值，从而实现在选中该建筑物时，该建筑物可以呈现出高亮显示的效果。

（3）动态单体化。

在三维渲染的时候，动态地把对应的矢量面叠加到倾斜摄影模型上，类似于一个保鲜膜从上到下完整地把对应建筑等物体的模型包裹起来，从而实现可被单独选中的效果。

动态单体化和ID单体化效果相似，但它们实现的技术原理有很大区别。ID单体化需要预先处理数据，在建筑物所对应的模型上存储同一个ID值，而动态单体化则是在渲染时动态绘制出来的。

（4）模型重构。

利用倾斜摄影空三加密后提供的数据，对建筑物或构筑物进行量测，最后形成与原有建筑物（构筑物）结构一致、精度符合要求的模型。

3）单体化模型等级的划分

一级模型：准确表现建筑物的几何实体结构、建筑物的细节，主要附属结构、特征、色调与照片一致，材质与建筑物相符。例如：标志性建筑物、政府部门、宾馆酒店、大型商场、会展中心、交通枢纽、博物馆、体育场（馆）等。

二级模型：准确表现建筑物的主体结构，在不影响建筑物主体结构的基础上，可以忽略过于精细的结构，主要特征、色调与照片一致，材质与现状建筑基本相符。例如：城市中道路两旁的主要建筑物、城市临街小区居民楼和其他一些非重点建模的建筑物，主要包括：城市区县级委办局机关主体建筑、区域性重要公共建筑、主干道上的高层建筑、次干道临街高层建筑、高档社区、公寓等。

三级模型：忽略建筑物的细部结构，突出建筑物外轮廓和屋顶大体结构，主体特征色调与影像基本一致，临街商铺及重点设施色调与照片基本一致。例如：主干道沿线的中、底层建筑物、城市普通公共建筑、支干道临街建筑、企事业单位小区、普通居民住宅区等。

四级模型：忽略建筑物的细部结构，根据建筑物的轮廓和层数生成模型，纹理贴图通过模型库中已有的纹理表现，主要为了保证城市三维模型的整体性、全面性，辅助展示城市整体建筑效果。例如：非临街的成片居民楼及工厂厂房等，风格类似的成片建筑和其他一些不重要的建筑物密集区域，主要包括：普通民宅、棚户区、城中村、工厂厂房等。

【自主学习任务单】

自测 1　三维模型制作

1. 学习任务 利用畎景 Smart3D 2019 软件制作出符合项目要求的实景三维模型成果数据			
任务	自测标准		学习建议
1）资料准备	□	像片数据	（1）检查相片数据的色彩、影像的完整性。 （2）POS 格式为照片名、经度（X 坐标）、纬度（Y 坐标）、高程（H）。要求第一列照片名和影像的命名一一对应，整理好的 POS 数据格式为 TXT 或 CSV。 （3）控制点平面坐标系：2000 国家大地坐标系，按高斯-克吕格 3 度分带投影。 （4）控制点高程坐标系：连接 CORS 获取的大地高，未做高程异常改正。 （5）控制点实地照片：采集控制点时拍摄的点位实地照片，一般应包含一张近景照片和一张远景照片
	□	POS 数据（为对应的影像提供曝光时的相机位置坐标和姿态）	
	□	控制点数据	
2）新建工程	□	启动软件	（1）启动 Smart3D Master 主程序，单击"文件"下的"新建工程"，设置工程名、路径、任务队列路径、选择 WGS84 坐标系统，如图 8-4 所示。 （2）需设置任务提交路径，一般在工程创建时完成。辅机（引擎端）任务路径的设置，查找 C：\Users\Administrator\App-Data\Local\soarscape 目录，若无法访问 AppData 文件夹，在文件夹查看选项下，勾选"显示隐藏的项目"
	□	任务队列配置	

任务	自测标准		学习建议
3）空三加密	☐	加密点匹配	（1）在工程下面，选择"空三任务"，右击"创建空三任务"，创建参数、空三参数、设置全部默认，直接提交空三任务，设置参数可在工程界面的"属性"查看，如图8-6所示。 （2）控制点文件导入：完成的空三，打开折叠箭头，选择"控制点信息"，先设置坐标系，通过"导入格式化文本控制点"导入控制点成果。控制点文件支持多种文件格式，本次作业，控制点按照点号、X 坐标、Y 坐标、Z 坐标的格式编辑，空格隔开，保存为 *.txt，导入方式同 POS 数据的导入。 （3）控制点转刺：双击选中某一控制点，右侧界面显示"全部照片"，单击"匹配的照片"，软件自动获取可能存在控制点的照片
	☐	控制点转刺	
	☐	平差	
4）模型制作	☐	重建任务名称	（1）可自行设置修改，瓦片坐标系和控制点坐标系保持一致。 （2）瓦片划分设置如图8-10所示。 （3）数据发布格式一般通用格式为 OSGB，成果多用于测图、模型发布等，OBJ 格式一般用于模型精修。设置发布数据坐标系原点如图8-11所示。 （4）任务优先级：可以通过"高""中""低"设置来决定任务的优先级。 几何精度：可通过几何精度的设置，改变模型的贴图效果，几何精度越高，占用资源越多，效率越低，模型贴图效果越好，综合项目需求，这里选精细即可。开启压缩：这里默认不开启，选择"否"。任务提交后，引擎可以自动读取任务，完成对模型的重建
	☐	瓦片划分方式	
	☐	重建数据发布	
	☐	设置	
5）模型质量检查	☐	查看元数据	（1）打开模型成果文件夹下的 .xml 文件，查看成果坐标系统与控制点坐标系、项目要求坐标系是否一致，模型发布原点是否合适，如图8-12所示。 （2）利用浏览模块或者地形图采集软件，将控制点、检查点、对应点位在模型上采集出来，通过比较求其中误差，和精度要求进行比较，查看精度是否满足项目要求。 （3）通过外业实际量测建筑物的高度、长度等，与模型上量测的距离进行对比，检测相对精度是否符合项目设计书要求。 （4）检查纹理映射贴图是否符合实际情况，是否由于遮挡原因，出现局部小面积纹理缺失问题。 （5）查看瓦片完整性、数据完整性（组织结构完整和范围完整）、模型格式是否符合项目要求
	☐	绝对精度检查	
	☐	相对精度检查	
	☐	纹理映射	
	☐	数据完整性检查	

续表

2. 学习笔记
（1）实景三维模型数据生产的流程？
（2）软件识别 POS 数据的格式是怎样的？
（3）数据发布的原点怎么设置？

自测 2　三维模型编辑

1. 学习任务
利用武汉智觉空间的 SVSMeshEditor2 软件编辑模实景三维模型成果数据，达到项目的要求

任务		自测标准	学习建议
1）资料准备	☐	空三加密成果	正确判断需要的数据，并了解数据的用途
	☐	OSGB、OBJ 数据	
	☐	未畸变的照片	
2）新建工程	☐	创建工程	打开软件，选取软件"文件"菜单下工具，正确创建数据所需的工程文件
	☐	数据导入及路径修改	
3）结构编辑	☐	删除处理	（1）OSGB 直接在 OSGB 格式下进行模型的地形、房屋压平，批量删除悬浮物，补洞，纹理支持快速映射 DOM，也支持 PS 联动修饰，数据及时自动保存。 （2）精修模式在 OBJ 格式下进行编辑，软件除了支持快修模式下的所有功能之外，编辑功能增加了多段墙线拉直、模型库导入、补洞、桥接和立面修饰，纹理增加了影像自动映射功能
	☐	重构生成	
	☐	桥接补洞	
	☐	外部模型植入	

任务		自测标准	学习建议
4）纹理编辑	☐	映射处理	自动纹理映射，选择处需要映射的纹理范围通过三种方式映射纹理，并对纹理通过 Photoshop 软件进行修改
	☐	编辑	
5）数据格式转换	☐	格式转化	将编辑完成后的 OBJ 数据转化成 OSGB 格式数据，如图 8-32 所示

2. 学习笔记

（1）实景三维模型编辑的方法？

（2）实景三维模型编辑纹理的处理方法？

自测3　三维模型单体化

1. 学习任务

利用武汉智觉空间的 SVSmodeler2 软件依据实景三维模型的成果，对建筑物进行单体化建模，模型结果符合项目要求

任务		自测标准	学习建议
1）资料准备	☐	空三加密成果	正确判断需要的数据，并了解数据的用途
	☐	OSGB 数据格式	
	☐	未畸变的照片	
2）新建工程	☐	创建工程	打开软件，选取软件"文件"菜单下工具，正确创建数据所需的工程文件，软件 3ds Max 软件进行联动设置；加入 DOM 数据进行任务区划分
	☐	软件联动	
	☐	任务划分	
3）结构编辑	☐	大数平移	（1）依据倾斜空三提供的坐标文件进行大数平移； （2）设置快捷键利于操作； （3）选择最优的量测方式，搭配量测工具采集建筑物的外轮廓，具体操作依据教材"结构编辑"部分进行操作
	☐	快键设置	
	☐	结构量测	

续表

<table>
<tr><th>任务</th><th colspan="2">自测标准</th><th>学习建议</th></tr>
<tr><td rowspan="2">4）纹理编辑</td><td>□</td><td>纹理映射</td><td rowspan="2">（1）通过未畸变的影像映射纹理，可在纹理编辑功能下选择最优影像进行贴图。
（2）对映射的纹理通过联动 Photoshop 软件进行修饰，也可将外业采集的照片数据通过处理，进行贴图</td></tr>
<tr><td>□</td><td>纹理编辑</td></tr>
<tr><td rowspan="2">5）检查命名</td><td>□</td><td>成果检查</td><td rowspan="2">（1）依据不同等级的模型检查成果的精度以及纹理的检查等；
（2）对模型、纹理按照要求统一命名</td></tr>
<tr><td>□</td><td>成果命名</td></tr>
<tr><td rowspan="2">6）成果输出、融合</td><td>□</td><td>成果输出</td><td rowspan="2">（1）输出 OSGB 数据格式；
（2）将输出的成果数据拷贝到实景场景中查看数据</td></tr>
<tr><td>□</td><td>场景融合</td></tr>
<tr><td colspan="4">2. 学习笔记</td></tr>
<tr><td colspan="4">（1）掌握单体化建模的集中量测方式？</td></tr>
<tr><td colspan="4">（2）掌握模型贴图的的选择及贴图的修改？</td></tr>
</table>

【任务评价】

序号	评价项目	评价内容	分值	学员互评（40%）	教师评价（60%）
1	专业能力（70分）	能够说出利用瞰景 Smart3D 2019 软件制作实景三维模型需要准备的资料	2		
2		能够启动 Smart3D 2019 软件，新建工程并进行任务队列配置	2		

续表

序号	评价项目	评价内容	分值	学员互评（40%）	教师评价（60%）
3		能够根据像控资料进行空三加密	10		
4		能够进行瓦片划分及重建数据发布	5		
5		能够进行三维模型质量检查	5		
6		能够说出利用SVSMeshEditor2软件编辑三维模型需要准备的资料	2		
7		能够利用SVSMeshEditor3软件进行三维模型的结构编辑：删除处理、重构生成、桥接补洞及外部模型植入等	10		
8	专业能力（70分）	能够说出纹理编辑、修改的过程	2		
9		能够进行纹理编辑，并对纹理通过Photoshop软件进行修改	10		
10		能够进行数据格式转换，编辑完成后的OBJ数据转化成OSGB格式数据	5		
11		能够说出利用SVSmodeler3软件进行单体化建模的过程	2		
12		能够利用SVSmodeler4软件依据实景三维模型的成果，对建筑物进行单体化建模	10		
13		能够进行三维模型数据的输出、融合	5		
14		严格遵守实训室的规章制度	5		
15		责任意识，工作态度端正	5		
16	职业素养（30分）	团队合作意识，互相协作良好	5		
17		严格遵守操作规程，严禁违规作业	5		
18		扎实严谨工作作风	5		
19		精益求精的工匠精神	5		
得分			100		
姓名：	学号：		总得分：	评价人：	

无人机摄影测量职业
技能等级证书（中级）-
培训视频及数据

模拟飞行考核数据
1-1

模拟飞行考核数据
1-2

原始数据1

原始数据2

武测数据

云南数据

甘肃省比赛

山东比赛

黑龙江比赛数据

河南南阳昊龙数据